畜禽饲养管理与疾病防治问答系列丛书

肉鸡饲养管理与疾病防治问答

◎ 路佩瑶　主编

中国农业科学技术出版社

图书在版编目（CIP）数据

肉鸡饲养管理与疾病防治问答 / 路佩瑶主编 .— 北京：中国农业科学技术出版社，2018.6

ISBN 978-7-5116-3648-5

Ⅰ.①肉… Ⅱ.①路… Ⅲ.①肉鸡—饲养管理—问题解答 ②肉鸡—疾病—防治—问题解答 Ⅳ.①S831.4-44 ②S858.31-44

中国版本图书馆 CIP 数据核字（2018）082009 号

责任编辑　张国锋
责任校对　李向荣

出 版 者　中国农业科学技术出版社
　　　　　北京市中关村南大街 12 号　邮编：100081
电　　话　（010）82106636（编辑室）（010）82109702（发行部）
　　　　　（010）82109709（读者服务部）
传　　真　（010）82106631
网　　址　http：//www.castp.cn
经 销 者　各地新华书店
印 刷 者　北京富泰印刷有限责任公司
开　　本　880mm × 1 230mm　1/32
印　　张　6.25
字　　数　196 千字
版　　次　2018 年 6 月第 1 版　2018 年 6 月第 1 次印刷
定　　价　28.00 元

编写人员名单

主　　编	路佩瑶
副 主 编	纪运英　王　荣
编写人员	岳　磊　石德志　刘晓红　闫益波
	李连任　杨　利　季大平　李　童
	李长强　侯和菊　田宝贵　苏晓东

前　言

《畜禽饲养管理与疾病防治问答》是一套新型职业农民从事养殖生产的必备参考书目，是作者针对当前农村养殖生产实际，总结近年来农业科技推广经验的基础上编写而成的。全套书由农业科学院专家、学者和生产一线技术服务人员共同参与编写，内容全面系统，实用性强。

《畜禽饲养管理与疾病防治问答》分 10 个分册，前期已经出版《肉牛饲养管理与疾病防治问答》和《肉羊饲养管理与疾病防治问答》。这次出版的是生猪、蛋鸡、肉鸡、土鸡、家兔、蛋鸭、肉鸭、鹅等的饲养管理与疾病防治技术，内容包括饲养品种与繁殖、饲料与营养、饲养管理以及养殖场常见疾病防治等。

在编写过程中，力求语言通俗易懂，简明扼要，既注重普及，又兼顾提高，更注重实用性和可操作性。让广大畜禽养殖者一看就懂，一学就会，用后见效。本套丛书可供新型职业农民从事养殖生产使用，也可供各类养殖场饲养人员、兽医和为畜禽场提供兽医技术服务的临床兽医使用，还可作为畜牧兽医教学、科研的参考资料。

书中引用资料较多，由于篇幅有限未能一一列出，在此，向为本书提供资料、支持本书编写的同仁深表感谢。

编者虽然百般努力，力求广采博取，但由于水平所限，仍难免挂一漏万，珠砂并蓄，望广大读者和同行们对不妥之处不吝指出，以便以后不断修正补充。

编者

2018 年 3 月

目　录

第一章　肉鸡的品种与生产设备 ······ 1

1. 什么是肉鸡？其品种和生产特点有哪些？ ······ 1
2. 鸡的正常外貌有哪些特征？ ······ 1
3. 肉鸡有哪些生物学特性？ ······ 4
4. 肉鸡有哪些生理特点？ ······ 5
5. 如何识别肉鸡的品种？ ······ 9
6. 如何选择肉鸡的品种？ ······ 11
7. 肉鸡场安装的常见喂料设备有哪些？ ······ 12
8. 常见自动喂料系统有哪些？ ······ 12
9. 肉鸡笼养自动上料车由哪些结构组成？ ······ 13
10. 使用肉鸡笼养自动喂料系统应注意哪些问题？ ······ 14
11. 饮水系统由哪些设备构成？ ······ 15
12. 饮水系统怎样操作及保养？ ······ 16
13. 控温设备主要有哪些？ ······ 17
14. 如何选择通风设备？ ······ 18
15. 常用消毒设备有哪些？ ······ 19
16. 刮粪系统的使用与管理要领有哪些？ ······ 19
17. 规模化鸡场使用什么断喙设备？ ······ 20
18. 怎样维护和保养水线？ ······ 21
19. 料线怎样维护和保养？ ······ 22
20. 怎样进行风机和湿帘的安装和使用？ ······ 23

21. 怎样检查电脑环境控制器、自动进风口等设备设施？ …… 24

第二章　肉鸡的营养与饲料 …… 25

1. 肉鸡生长需要哪些营养物质？ …… 25
2. 优质肉鸡的营养参考标准是多少？ …… 27
3. 白羽肉鸡营养标准是多少？ …… 28
4. 应用推荐的营养需要标准时，应注意哪些问题？ …… 29
5. 肉鸡常用的能量饲料有哪些？ …… 30
6. 肉鸡常用的蛋白质饲料有哪些？ …… 31
7. 肉鸡常用的矿物质饲料有哪些？ …… 33
8. 肉鸡常用的维生素饲料有哪些？ …… 34
9. 肉鸡常用的饲料添加剂有哪些？ …… 34
10. 水对肉鸡有什么作用？ …… 35
11. 肉鸡的饲料中为什么蛋白质水平一定要合适？ …… 37
12. 氨基酸需要如何满足？ …… 37
13. 怎样解决日粮中蛋白质的来源？ …… 38
14. 肉鸡所需要的氨基酸主要有哪些？ …… 38
15. 肉鸡容易缺乏的常量元素有哪些？ …… 39
16. 各种微量元素对肉用鸡的生长发育有什么作用？ …… 39
17. 肉鸡的日粮中，为什么要控制粗纤维的用量？ …… 40
18. 为什么要在肉用鸡饲料中加入沙砾？ …… 40
19. 肉鸡日粮中为什么要添加一定量的油脂？ …… 41
20. 为什么在肉用仔鸡饲料中添加氯化胆碱？ …… 41
21. 为什么在肉用仔鸡饲料中添加硒制剂？ …… 41
22. 配制肉用仔鸡饲料时应注意哪些问题？ …… 41
23. 如何用试差法设计肉鸡日粮？ …… 42

24. 如何配制肉鸡各阶段日粮？ ………………………… 43
25. 如何选择合适的饲料？ ……………………………… 44
26. 饲料运输与贮存要注意什么？ ……………………… 47
27. 霉变饲料为什么不能喂鸡？ ………………………… 47
28. 养肉用仔鸡需要几种料？如何更换？ ……………… 47
29. 如何根据肉鸡饲养量制订耗料计划？ ……………… 48

第三章　肉鸡的饲养管理…………………………49

1. 肉雏鸡有哪些生理特点？ ……………………………… 49
2. 为什么要强调进雏前就应做好各项育雏准备工作？ … 50
3. 进雏前怎样进行鸡舍的清洗与消毒？ ……………… 50
4. 怎样铺设垫料，架设或修复网架网床，安装水槽、料槽？ ……………………………………………… 51
5. 平面育雏为什么要设置育雏围栏（隔栏）？ ……… 51
6. 鸡舍怎样预温？ ……………………………………… 52
7. 怎样进行饮水的清洁与预温？ ……………………… 52
8. 怎样挑选 1 日龄雏鸡？ ……………………………… 53
9. 观察 1 日龄雏鸡行为，怎样判定管理的问题？ …… 54
10. 什么是低温接雏？ …………………………………… 55
11. 怎样设置适宜的育雏温度？ ………………………… 55
12. 怎样确保适当的育雏相对湿度？ …………………… 57
13. 如何正确通风？ ……………………………………… 58
14. 怎样正确给雏鸡“开水”？ ………………………… 59
15. 雏鸡应如何开食？ …………………………………… 63
16. 怎样识别和挑选病弱雏鸡？ ………………………… 64
17. 生长育肥期肉鸡常规管理措施有哪些？ …………… 65

18. 笼养快大型肉鸡的一般管理措施有哪些？…………66
19. 平养肉鸡的一般管理有哪些？…………69
20. 怎样扩群？…………70
21. 平养肉鸡怎样正确管理垫料？…………71
22. 优质肉鸡生态放养的关键点是什么？…………72
23. 肉用种鸡的饲养阶段是如何划分的？…………73
24. 肉用种鸡为什么要实行限制饲养？…………74
25. 肉用种鸡限制饲喂的方法有哪些？…………74
26. 请推荐肉用种鸡常用的限饲程序。…………75
27. 限制饲养应注意哪些问题？…………76
28. 怎样才能合理控制肉种鸡的体重？…………77
29. 如何评判鸡群均匀度？…………79
30. 肉种鸡育雏前要做好哪几项工作？…………79
31. 肉用种鸡育成期应如何管理？…………81
32. 肉用种鸡产蛋期应如何管理？…………83
33. 肉种鸡产蛋期怎样管好产蛋箱？…………84
34. 怎样管理种蛋？…………86
35. 怎样喂好种公鸡？…………87
36. 观察鸡群的原则和方法是什么？…………90
37. 怎样对鸡群进行群体观察？如何进行应对管理？…92
38. 如何对鸡群进行个体观察？如何进行应对管理？…96
39. 怎样制订出栏计划？…………98
40. 怎样进行出栏管理？…………100

第四章　肉鸡的防疫与免疫…………102

1. 安全养殖肉鸡有哪些特点？…………102

2. 肉鸡场场址选择有哪些要求? …………………… 102
3. 如何设计肉鸡场建设规模? ………………………… 105
4. 如何选择肉鸡饲养方式? …………………………… 106
5. 肉鸡场场区如何进行规划布局? …………………… 107
6. 如何选择鸡舍建筑类型? …………………………… 110
7. 鸡舍建造要考虑哪些环境参数? …………………… 111
8. 对商品肉鸡舍建筑设计与施工有什么要求? ……… 112
9. 肉鸡饮水如何消毒? ………………………………… 115
10. 什么是喷雾消毒法? ……………………………… 116
11. 怎样进行熏蒸消毒? ……………………………… 116
12. 怎样使用浸泡消毒法? …………………………… 118
13. 生物发酵消毒法主要用于什么消毒? …………… 118
14. 肉鸡场怎样进行带鸡消毒? ……………………… 119
15. 鸡舍怎样消毒? …………………………………… 121
16. 车辆怎样消毒? …………………………………… 123
17. 场区环境怎样消毒? ……………………………… 123
18. 怎样管理肉鸡场内的消毒? ……………………… 124
19. 什么叫免疫接种? ………………………………… 124
20. 疫苗的种类有哪些? ……………………………… 125
21. 怎样制定肉鸡恰当的免疫程序? ………………… 125
22. 怎样正确保存、运输和稀释疫苗? ……………… 127
23. 肉鸡免疫接种的方法有哪些? …………………… 128
24. 免疫操作时应注意哪些问题? …………………… 131
25. 怎样抓好肉鸡的防疫管理? ……………………… 132
26. 如何搞好药物预防? ……………………………… 135
27. 发生传染病时应采取哪些紧急处置措施? ……… 139

28. 怎样对鸡粪进行无害化处理? …………………… 141
29. 如何对病死鸡进行无害化处理? ………………… 142
30. 鸡场怎样杀虫? …………………………………… 143
31. 鸡场怎样灭鼠? …………………………………… 144
32. 鸡场为什么要控制鸟类? ………………………… 145

第五章 肉鸡常见病的防控………………………… 146

1. 新城疫是怎样发生和流行的? …………………… 146
2. 新城疫有哪些主要临床症状与病理变化? ……… 148
3. 如何防控新城疫? ………………………………… 149
4. 禽流感是怎样流行的? …………………………… 150
5. 低致病性禽流感有哪些主要临床症状和病理变化? 150
6. 如何防控肉鸡低致病性禽流感? ………………… 151
7. 肉鸡传染性支气管炎有什么流行特点? ………… 152
8. 肉鸡传染性支气管炎有哪些临床特征? 怎样防控? …153
9. 肉鸡传染性法氏囊炎是怎样流行的? …………… 154
10. 肉鸡传染性法氏囊炎有哪些主要临床症状和病理变化? ……………………………………………… 155
11. 怎样防控肉鸡法氏囊炎? ……………………… 155
12. 鸡痘是怎么流行的? …………………………… 156
13. 鸡痘有哪些主要临床症状及病理变化? ……… 157
14. 怎样防控鸡痘? ………………………………… 157
15. 怎样诊断肉鸡包涵体肝炎? …………………… 158
16. 怎样防制肉鸡包涵体肝炎? …………………… 159
17. 怎样诊断肉鸡病毒性关节炎? ………………… 159
18. 如何防控肉鸡病毒性关节炎? ………………… 159

19. 如何诊断鸡淋巴细胞白血病？ …………………… 160
20. 如何防控鸡淋巴细胞白血病？ …………………… 161
21. 如何诊断鸡心包积液综合征？ …………………… 161
22. 怎样防控鸡心包积液综合征？ …………………… 162
23. 怎样诊断肉鸡大肠杆菌病？ ……………………… 164
24. 如何综合防控鸡大肠杆菌病？ …………………… 165
25. 怎样防控鸡坏死性肠炎？ ………………………… 165
26. 沙门氏杆菌可引起肉鸡的哪些疾病？ …………… 166
27. 沙门氏杆菌病有哪些临床症状与病理变化？ …… 167
28. 如何防控鸡沙门氏菌病？ ………………………… 168
29. 怎样防控肉鸡坏死性肠炎？ ……………………… 168
30. 如何防控鸡传染性鼻炎？ ………………………… 169
31. 怎样防控鸡葡萄球菌病？ ………………………… 170
32. 如何防控鸡支原体病（慢性呼吸道病）？ ……… 171
33. 如何防控鸡曲霉菌病？ …………………………… 173
34. 如何防控肉鸡白色念珠菌感染？ ………………… 174
35. 怎样诊断鸡球虫病？ ……………………………… 175
36. 如何综合防控鸡球虫病？ ………………………… 175
37. 如何防控鸡组织滴虫病？ ………………………… 176
38. 如何防控鸡住白细胞原虫病？ …………………… 177
39. 如何防控鸡蠕虫病？ ……………………………… 178
40. 怎样防控鸡痛风？ ………………………………… 179
41. 怎样防控鸡痢菌净中毒？ ………………………… 180
42. 如何防控鸡磺胺类药物中毒？ …………………… 181
43. 如何防控鸡维生素 E、硒缺乏症？ ……………… 182
44. 如何防控鸡维生素 D 缺乏症？ ………………… 183

45. 如何防控雏鸡锰缺乏症？ …………………………… 184
46. 如何防控肉鸡肌腺胃炎？ …………………………… 184
47. 如何防控肉鸡肠毒综合征？ ………………………… 186

参考文献……………………………………………………… **188**

第一章　肉鸡的品种与生产设备

1. 什么是肉鸡？其品种和生产特点有哪些？

世界上肉鸡品种品系繁多，按早期生长速度和肉的品质可分为优质型和快大型两类。快大型肉鸡早期生长迅速饲料转化率高；优质型肉鸡以肉的品质优良而著称，其生长速度远不及快大型，但其肉的价格比普通肉鸡高。

现代肉鸡就是食用肉仔鸡的总称，主要用于生产肉用仔鸡，与传统肉鸡的概念截然不同。

现代肉鸡的特点是：多数以公司名称或编号命名；为杂交鸡，具有显著的杂种优势；遗传基础狭窄。

现代肉鸡的生产特点是：生长速度快，肉用仔鸡出壳重 40~45 克，42 日龄公母混群饲养体重可达 1.8~2.650 千克；饲养周期短，周转快，饲养 6~8 周龄上市；饲料转化率高，多数肉用仔鸡的料 / 重低于 2∶1，笼养肉鸡饲料 / 增重低于 1.6∶1，胸肉率 19.6%；饲养密度大，生产率高，资金周转快，投资回收期短；营养和管理技术要求严格，需要创造鸡舍良好小气候环境和科学的饲养管理技术；适于集约化生产，经济效益好。

2. 鸡的正常外貌有哪些特征？

不同品种、性别、年龄的鸡外貌各不相同，但体表各部分的名称大同小异。鸡的外貌可分为头部、颈部、体躯和四肢四大部分（图 1-1）。

图 1–1　鸡的各部位名称

1. 冠　2. 脸与眼睛　3. 耳与耳叶　4. 头顶　5. 前额　6. 喙　7. 肉髯　8. 咽喉　9. 颈　10. 颈羽　11. 小覆翼羽　12. 胸　13、14. 翼羽　15. 胫　16. 胫跟　17. 跗　18. 外趾　19. 中趾　20. 内趾　21. 外趾　22. 后脑壳　23. 颈上部　24. 颈中部　25. 颈下部　26. 背上部　27. 背中部　28. 腰　29. 尾羽　30. 大翘羽　31. 小翘羽及覆尾羽　32. 蓑羽　33. 小覆尾羽　34. 副翼羽　35. 主翼羽　36. 尾骶骨及腹　37. 后趾

（1）头部　头部的形态（图 1–2）及发育程度能反映品种、性别、健康和生产性能等情况。

图 1–2　鸡的头部形态

① 鸡冠。为皮肤衍生物，位于头顶，是富有血管的上皮构造。

不同品种有不同冠形；就是同一种冠形，不同品种也有差异。鸡冠的种类多，是品种的重要特征，可分为单冠、豆冠、玫瑰冠、草莓冠、羽毛冠等。

多数品种的鸡冠为单冠。冠的发育受雄性激素控制，公鸡的冠较母鸡发达。冠的颜色多为红色（羽毛冠指肉质部分），色泽鲜红、细致、丰满、滋润是健康的征状。有病的鸡，冠常皱缩，不红，甚至呈紫色（除乌骨鸡）。

② 喙。表皮衍生的角质化产物，是啄食和自卫器官，其颜色因品种而异，一般与胫部的颜色一致。健壮鸡的喙应短粗，稍微弯曲。

③ 脸。一般鸡脸为红色，健康鸡脸色红润无皱纹，老弱病鸡脸色苍白而有皱纹。蛋用鸡脸清秀，肉用鸡脸丰满。

④ 眼。位于脸中央，健康鸡眼大有神，反应灵敏，向外突出，眼睑单薄，虹彩的颜色因品种而异。

⑤ 耳叶。位于耳孔下侧，呈椭圆形或圆形，有皱纹，颜色因品种而异，常见的有红、白两种。

⑥ 肉垂。颌下下垂的皮肤衍生物，左右组成一对，大小对称，其色泽和健康的关系与冠同。

（2）颈部　因品种不同颈部长短不同，鸡颈由13~14个颈椎组成。蛋用型鸡颈较细长，肉用型鸡颈较粗短。

（3）体躯　由胸、腹、尾3部分构成，与性别、生产性能、健康状况有密切关系。胸部是心脏与肺所在的位置，应宽、深、发达，既表示体质强健，如为肉鸡，也表示胸肌发达。腹部容纳消化器官和生殖器官，应有较大的腹部容积。特别是产蛋母鸡，腹部容积要大。腹部容积常采用以手指和手掌来量胸骨末端到耻骨末端之间距离和两耻骨末端之间的距离来表示。尾部应端正而不下垂。

（4）四肢　鸟类适应飞翔，前肢发育成翼，又称翅膀。翼的状态可反映禽的健康状况。正常的鸡翅膀应紧扣身体，下垂是体弱多病的表现。鸟类后肢骨骼较长，其股骨包入体内，胫骨肌肉发达，外形称为大腿，足蹠骨细长，外形常被称为胫部。胫部鳞片为皮肤衍生物，年幼时鳞柔软，成年后角质化，年龄愈大，鳞片愈硬，甚至向外侧突起。因此可以从胫部鳞片软硬程度和鳞片是否突起来判断鸡的年龄。

胫部因品种不同而有不同的色泽。鸡一般有 4 个脚趾，少数 5 个。公鸡在腿内侧有距，距随年龄的增长而增大，故可根据距的长短来鉴别公鸡的年龄。

（5）羽毛　羽毛是禽类表皮特有的衍生物。羽毛供维持体温之用，对飞翔也很重要。羽毛在不同部位有明显界限，鸡的各部位羽毛特征如下。

① 颈羽。着生于颈部，母鸡颈羽短，末端钝圆，缺乏光泽，公鸡颈羽后侧及两侧长而尖，像梳齿一样，特叫梳羽。

② 翼羽。两翼外侧的长硬羽毛，是飞翔和快速行走时用于平衡躯体的羽毛。翼羽中央有一较短的羽毛称为轴羽，由轴羽向外侧数，有 10 根羽毛称为主翼羽，向内侧数，一般有 11 根羽毛，叫副翼羽。每一根主翼羽上覆盖着一根短羽，称覆主翼羽，每一根副翼羽上，也覆盖一根短羽，称为覆副翼羽。初生雏如只有覆主翼羽，无主翼羽，或覆主翼羽较主翼羽长，或者两者等长，或主翼羽较覆主翼羽微长 2 毫米，这种初生雏由绒羽更换为幼羽时生长速度慢，称为慢羽。如果初生雏的主翼羽毛长过覆主翼羽 2 毫米以上，其绒羽更换为幼羽生长速度很快，称为快羽。慢羽和快羽是一对伴性性状，可用于鉴别雌雄。成年鸡的羽毛每年更换一次，母鸡更换羽毛时要停产，主翼羽脱落早迟和更换速度，可以估计换羽开始时间，因而可以鉴定产蛋能力。

③ 鞍羽。家禽腰部亦叫鞍部，母鸡鞍部羽毛短而圆钝，公鸡鞍羽长呈尖形，像蓑衣一样披在鞍部，特叫蓑羽。尾部羽毛分主尾羽和覆尾羽两种。主尾羽公母鸡都一样，从中央一对起分两侧对称数法，共有 7 对。公鸡的覆尾羽发达，状如镰羽形，覆第一对主尾羽的大覆羽叫大镰羽，其余相对较小叫小镰羽。梳羽、蓑羽和镰羽，都是第二性征性状。

3. 肉鸡有哪些生物学特性？

鸡在动物学上属于鸟纲，具有鸟类的生物学特性。近 100 年来，由于人们的不断培育和改善其环境条件，尤其是近几十年，随着现代遗传育种、营养化学、电子物理等科学技术的发展，使之生产潜能大大提高。改造后鸡的生物学特性即是鸡的经济生物学特性。

（1）肉鸡性情温驯，适于多种方式饲养

① 肉鸡活动缓慢，适于大规模平养，如厚垫料平养、网上平养等。

② 肉鸡的群居性强，适合笼养，特别适合现代化饲养（现代标准化规模饲养）。

③ 优质肉鸡喜挖刨觅食，适合生态放养。

（2）肉鸡对环境变化敏感，要求科学选址，精心管理

① 选址要科学。鸡场选择在地势较高、通风良好，开阔、干燥的没有养过牲畜和家禽的地方。周围应筑有围墙，并且要求排水方便，水源充足，水质良好，电源充足，砂质土壤，离公路、河流、村镇（居民区）、工厂、学校和其他畜禽场500米以外，特别是与畜禽屠宰场、肉类和畜产品加工厂距离应在1 500米以上。

② 提供稳定适宜的养鸡环境。肉鸡对环境的适应能力较弱，要求有比较稳定适宜的环境。

（3）肉鸡生长速度快，抗病能力差，需要提供全价优质饲料

4. 肉鸡有哪些生理特点？

（1）消化生理特点

①消化过程。

口腔消化：鸡的喙具有尖锐而平滑的边缘，适合采食坚硬而细小的饲料。采食后不经咀嚼，只是短暂停留混合唾液后就吞咽下去，并借食管的蠕动进入嗉囊或腺胃。

鸡正常饮水的典型信号是：饮水时将头低下，水吸入口腔后关闭口腔，并将头抬高，于是水靠重力进入食管。

嗉囊消化：嗉囊的主要功能是贮存、软化食料，另外，嗉囊内的微生物（如乳酸杆菌）和饲料中的酶均可粗略消化食料产生有机酸。

嗉囊内的食料借囊壁肌层的收缩而进入胃中，收缩方式为蠕动和排空运动。当胃空虚时，通过神经反射引起嗉囊运动，将食料挤出一部分到胃，胃充满后则停止收缩。

胃的消化：食料入腺胃后由腺胃分泌胃液与食料混合。但因腺

胃容积小，食料在腺胃内只作短暂停留即进入肌胃，故胃液中蛋白酶的消化作用主要在肌胃内进行。腺胃的主要功能是分泌胃液，胃液为酸性液体，主要含胃蛋白酶原和盐酸，在酸性环境下，胃蛋白酶原转变为胃蛋白酶，后者对蛋白质有消化、分解作用。腺胃的分泌是连续的，其分泌量为每小时 5~30 毫升，但饲喂时分泌量增加，饥饿时减少。腺胃的运动是周期性的收缩和舒张，饥饿时约每隔 1 分钟收缩 1 次。肌胃有发达的肌层，收缩力强，内腔又含有砂砾，主要功能是磨碎食料。肌胃运动是周期性的，每分钟收缩 2~3 次，每次持续 20~30 秒。

小肠的消化：小肠内消化主要是消化液中的酶对蛋白质、脂肪和糖类进行充分消化，消化的最终产物经小肠黏膜吸收。小肠内的消化液有 3 种，即肠液、胰液和胆汁。

肠液为淡黄色液体，由肠腺分泌。肠液内除含有蛋白酶、脂肪酶和淀粉酶外，还含有多种糖酶、肠激酶。

胰液由胰的外分泌部分泌，为淡黄色、透明、微黏稠。其中含有胰蛋白酶、胰脂肪酶、胰淀粉酶，这对蛋白质、脂肪和糖类有很强的消化作用。

胆汁为绿色带苦味的液体，主要成分为胆盐，可乳化脂肪（即将脂肪滴乳化为脂肪微滴），利于脂肪酶的消化。

小肠的运动主要是蠕动和分节运动，一方面使食糜与消化液充分混合，利于消化吸收，另一方面可推送食糜向后移动。

大肠的消化：食糜由小肠进入大肠后，一部分进入盲肠，在盲肠内进行微生物的发酵作用，可使纤维素发酵产生低级脂肪酸，并合成 B 族维生素和维生素 K 等，另一部分进入直肠。直肠主要是吸收盐类和水分，形成粪便后排入泄殖腔，与尿液混合后排出体外。

② 吸收。饲料在口腔和食管内滞留时间短，所以不吸收。在嗉囊内停留时间较长，但大部分营养成分未被消化，所以吸收作用不大。在腺胃和肌胃内的营养物质仅是初步消化，吸收作用也很小。在小肠内食糜停留时间长，消化酶能充分分解营养物质，再加上肠绒毛增加吸收面积，故小肠是消化、吸收营养的主要部位。营养物质被小肠黏膜吸收后进入血液，并由血液运输到其他器官。大肠主要是吸收

盐类和水分。

（2）呼吸生理特点　鸡的呼吸频率为每分钟22~25次。吸气时主要是肋间外肌收缩，使体腔容积增大，气囊的容积也随之增大，于是肺及气囊内呈负压（气压低于外界大气压），新鲜空气进入肺和气囊。相反，呼气时肋间内肌收缩，体腔容积减小，肺及气囊内压升高，迫使气体经呼吸道及口腔排出体外。所以，吸气和呼气都是主动的过程。

气囊在气体交换过程中有重要作用。气囊的容积大，比肺的容积大5~7倍，在呼吸过程中气囊类似风箱的作用。吸气时驱使气体通过肺进入所有支气管及肺房和肺毛细管，并充满气囊，呼气时则气体向相反方向流动。因此，肺虽然体积小，但由于在一个呼吸周期中气体有两次循环，保证了肺毛细管在吸气和呼气时均能与血液进行气体交换，以适应强烈的新陈代谢功能。禽类的氧利用效率为54%~60%，而家畜仅为20%~30%。

（3）生殖生理特点

①公鸡生殖生理。

交配：公鸡的求偶行为包括在母鸡周围做旋转运动，待母鸡俯卧后爬上，或伸长颈部从母鸡后面强行爬上进行踩踏。交配时，公鸡和母鸡肛门外翻，泄殖道彼此靠近，由于淋巴流入公鸡的交配器而膨胀，阴茎体外侧乳头明显增大，从输精管乳头射出的精液进入阴茎沟，并沿着阴茎沟流入母鸡泄殖道外翻而突出的输卵管口。交配完成后，淋巴回流，阴茎体恢复到原来状态。

精液：由精子和精清组成，为白色黏稠不透明的悬浮液，弱碱性，pH值在7.0~7.6。精子由睾丸内的精小管产生，外形纤细，可分为头、颈和尾三部分。头部呈圆锥形而稍弯曲，主要由细胞核和覆盖在其前方的顶体组成。细胞核主要成分为脱氧核糖核酸，包含着全部生命的遗传密码，顶体含有穿凿卵膜的数种水解酶，在精子进入卵子过程中起重要作用；颈部又称中段，短而稍粗，是供能部分；尾部较细而长，可以摆动，是精子向前运动的结构。精子的长度约100微米，其中头15微米，颈4微米，尾80微米。精清主要由精小管、输出管及输精管等上皮细胞所分泌，除稀释精子外，还含有多种营养成

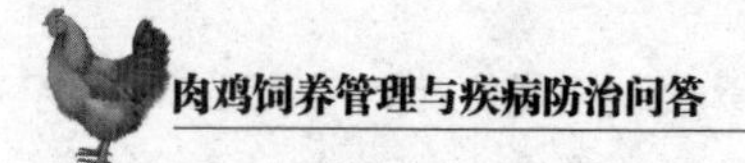

分供精子利用。

雏公鸡出壳后一般 10~12 周龄即可产生精液，但只有到 22~26 周龄时，在自然交配情况下，才能获得满意的精液量和受精力。鸡没有副性腺（精囊腺、前列腺和尿道球腺），所以射精量少。一次射精量 0.6~0.8 毫升，每立方毫米精液中约有精子 350 万个。

② 母鸡生殖生理。

排卵和蛋的形成：在产蛋期母鸡的卵巢内有许多不同发育时期的卵泡，每一卵泡中有一个卵细胞。随着卵泡的发育，卵细胞内也不断贮积卵黄，卵泡随之逐渐增大。当卵泡发育成熟后，卵泡膜破裂排出卵细胞，随即被输卵管漏斗收纳，在此停留 15~25 分钟，如遇精子即受精。另外腺体的分泌物形成卵系带附着在卵的两端，以固定卵的位置。然后，借输卵管的蠕动和黏膜上皮纤毛的摆动将受精卵向后推送。

卵进入膨大部停留时间较长，约 3 小时。在此处腺体分泌黏稠胶状的蛋白包围在卵的周围，构成蛋的全部蛋白。再向后到峡部，由峡部分泌黏性纤维在蛋白外周形成内、外壳膜。卵在子宫内停留时间最长，约 20 小时。在此处有水分和盐类透过壳膜加入到浅层蛋白中，将浅层蛋白稀释成稀蛋白。另外，子宫腺的分泌物含有碳酸钙、镁等物质，沉积在壳膜外形成蛋壳。蛋壳的色素也在子宫内形成。

需要说明的是，不管卵巢排出的卵在漏斗内受精与否，都将按照上述顺序进行，并形成具有硬壳的蛋。所以，蛋有受精和非受精两种。

当蛋完全形成后即要产出。产蛋时，靠子宫、阴道和腹壁肌肉的收缩，迫使蛋经阴道及泄殖道排出体外。在连续产蛋的情况下，鸡一般在前 1 个蛋产出后约 30 分钟，卵巢即排出下 1 个卵。多数良种鸡两次产蛋的间隔时间为 24~26 小时。

受精：精子和卵子结合的过程叫受精，此过程在输卵管漏斗内进行。受精的结果形成合子，即新个体发育的开始。卵从卵巢排出后一般 15 分钟内如遇精子则很快受精。

在自然交配后，部分精子 1 小时可到达漏斗，另一部分精子则贮存在阴道腺内，以备陆续释放。

5. 如何识别肉鸡的品种?

我国的鸡品种资源丰富，以羽毛黄色、黑色和麻色居多。各地区的地方鸡种统称为土鸡。土鸡虽然生长速度较国外快大型鸡慢，但肉质风味鲜美，深受广大民众青睐。因此，肉用土鸡市场份额越来越大。

（1）目前饲养的肉鸡品种分类　目前我国饲养的肉鸡品种主要分为两大类型。

一类是快大型白羽肉鸡，一般称之为肉鸡或肉食鸡，其主要特点是生长速度快，饲料转化效率高。正常情况下，42 天体重可达 2 650 克，饲料增重 1.76，胸肉率 19.6%。

另一类是黄羽肉鸡，一般称之为黄鸡，也称优质肉鸡。优质肉鸡与快大型肉鸡的主要区别是生长速度慢，饲料转化率低，但适应性强，容易饲养，鸡肉风味品质好，因此受到中国（尤其是南方地区）和东南亚地区消费者的广泛欢迎。

（2）常见的快大型白羽肉鸡品种　当前，市场上的主养品种有：AA+、艾维茵、罗斯 308 等。

① AA+ 肉鸡。爱拔益加肉鸡简称 AA+ 肉鸡。该品种由美国爱拔益加家禽育种公司育成，四系配套，白羽。体型大，生长发育快，饲料转化率高，适应性强。

② 艾维茵。原产美国，是美国艾维茵国际有限公司培育的三系配套、显性白羽肉鸡。体型饱满，胸宽、腿短、黄皮肤，具有增重快、成活率高、饲料报酬高的优良特点。适于全国绝大部分地区饲养，适宜集约化养鸡场、规模化鸡场、专业户和农户。

③ 罗斯 308。隐性白羽肉鸡，实际上是属于快大型白羽肉鸡中的某些品系。羽毛的白色为隐性性状。生长快，饲料报酬高，适应性与抗病力较强，全期成活率高。

（3）常见优质肉鸡品种　我国有很多优质肉鸡品种，多数是蛋肉兼用鸡经长期选育而成，也有一部分是地方品种与引进的快大型肉鸡品种杂交培育而成。

① 北京油鸡。具有冠羽（风头）和胫羽，少数有趾羽，有的有

冉须，常称三羽（凤头、毛脚和胡须），并具有“S”形冠。羽毛蓬松，尾羽高翘，十分惹人喜爱。平均 12 周龄活重 959.7 克，养殖 20 周龄公鸡 1 500 克，母鸡 1 200 克。肉质细嫩，肉味鲜美，适合多种传统烹调方法。

② 固始鸡。该品种个体中等，外观清秀灵活，体型细致紧凑，结构匀称，羽毛丰满。羽色分浅黄、黄色，少数黑羽和白羽。冠型分单冠和复冠两种。90 日龄公鸡体重 487.8 克，母鸡 355.1 克，180 日龄公母体重分别为 1 270 克和 966.7 克，5 月龄半净膛屠宰率公母分别为 81.76% 和 80.16%。

③ 桃源鸡。体质硕大、单冠、青脚、羽色金黄或黄麻、羽毛蓬松、呈长方形。公鸡姿态雄伟，性勇猛好斗，头颈高昂，尾羽上翘；母鸡体稍高，性温顺，活泼好动，后躯浑圆，近似方形。成年公鸡体重（3 342 ± 63.27）克，母鸡（2 940 ± 40.5）克。肉质细嫩，肉味鲜美。半净膛屠宰率公母分别为 84.90%、82.06%。

④ 河田鸡。体宽深，近似方形，单冠带分叉（枝冠），羽毛黄羽，黄胫。耳叶椭圆形，红色。养殖 90 日龄公鸡体重 588.6 克，母鸡 488.3 克。河田鸡是很好的地方鸡肉用良种，体型浑圆，屠体丰满，皮薄骨细，肉质细嫩，肉味鲜美，皮下腹部积贮脂肪，但生长缓慢，屠宰率低。

⑤ 丝羽乌骨鸡。在国际标准品种中被列入观赏鸡，在我国作为肉用特种鸡大力推广应用。头小、颈短、脚矮、体小轻盈，它具有“十全”特征，即桑葚冠、缨头（凤头）、绿耳（蓝耳）、胡须、丝羽、五爪、毛脚（胫羽，白羽）、乌皮、乌肉、乌骨。除了白羽丝羽乌鸡，还培育出了黑羽丝毛乌鸡。

⑥ 茶花鸡。体型矮小，单冠、红羽或红麻羽色、羽毛紧贴、肌肉结实、骨骼细嫩、体躯匀称、性情活泼、机灵胆小、好斗性强、能飞善跑。茶花鸡养殖 150 日龄体重公母分别为 750 克、760 克，半净膛屠宰率公母分别为 77.64%、80.56%。

⑦ 寿光鸡。肉质鲜嫩，营养丰富，在市场上，以高出普通鸡 2~3 倍的价格，成为高档宾馆、酒店、全鸡店和婚宴上的抢手货。

⑧ 狼山鸡。产于江苏省如东境内，属蛋肉兼用型，体型分重型

和轻型两种，体格健壮。狼山鸡羽色分为纯黑、黄色和白色，现主要保存了黑色鸡种，该鸡头部短圆，脸部、耳叶及肉垂均呈鲜红色，白皮肤，黑色胫。部分鸡有凤头和毛脚。500 日龄成年体重公鸡为 2 840 克，母鸡 2 283 克。

⑨ 萧山鸡。产于浙江萧山。分布于杭嘉湖及绍兴地区。蛋肉兼用型，体型较大，外形近似方而浑圆，公鸡羽毛紧凑，头昂尾翘。红色单冠、直立。全身羽毛有红、黄两种，母鸡全身羽毛基本黄色，尾羽多呈黑色。单冠红色，冠齿大小不一。喙、胫黄色。成年体重公鸡为 2 759 克，母鸡为 1 940 克。

⑩ 大骨鸡。主产辽宁省庄河市，吉林、黑龙江、山东、河南、河北、内蒙古等省区也有分布，属蛋肉兼用型品种。大骨鸡体型魁伟，胸深且广，背宽而长，腿高粗壮，腹部丰满，墩实有力，以体大、蛋大、口味鲜美著称。觅食力强。公鸡羽毛棕红色，尾羽黑色并带金属光泽。母鸡多呈麻黄色，头颈粗壮，眼大明亮，单冠，冠、耳叶、肉垂均呈红色。喙、胫、趾均呈黄色。

⑪ 藏鸡。分布于我国的青藏高原。体型轻小，较长而低矮，呈船形，好斗性强。黑色羽多者称黑红公鸡，红色羽多者称大红公鸡。还有少数白色公鸡和其他杂色公鸡。母鸡羽色复杂，有黑麻、黄麻、褐麻等色，少数白色、纯黑。云南尼西鸡以黑色较多，白色麻黄花次之，尚有少数其他杂花、灰色等。

6. 如何选择肉鸡的品种?

选择什么样的肉鸡饲养，要视当地消费特点、经济条件、气候特点，结合屠宰要求、品种特点等灵活选择。

（1）根据当地肉鸡消费习惯选择　养殖（场）户可以根据当地肉鸡消费的特点，确定选择养什么品种，也就是说养什么样品种的鸡好卖就养什么品种。如当地有肉鸡加工企业或大型肉鸡公司，快大型肉鸡品种销路好，就可以饲养艾维茵肉鸡、AA+ 肉鸡；还可以饲养公司、合作社“放养”的品种，也就是选择“公司 + 农户”的饲养方式；如果本地区对土种鸡的需求量较大，就可以饲养我国的地方品种肉鸡。

（2）考虑自己的经济条件　养殖快大型肉鸡品种对饲料以及饲养环境要求较高，鸡舍建设投入较高，因此应根据自己的经济条件选择饲养品种，开始规模不应太大。如资金较少，可以建简易的大棚饲养一些适应能力和抗病能力较强的地方品种。

（3）考虑当地的环境条件　建设鸡舍需要较大的面积，一般饲养2 000~3 000只，需要建造长30米，宽9.5~10米，高3米左右的鸡舍。如果在山地附近居住，不好修建如此大的鸡舍，应考虑饲养土种鸡，选择放养。

从地域上讲，我国南方属于海洋性气候，温暖潮湿、平均气温高，特别是夏季气温高且维持时间长，降水量多，空气水分含量大，细菌等微生物容易滋生繁殖。北方属于大陆性气候，气温低、寒冷，但冬天具备良好的保温措施，同时降水量少，多集中在夏季，使夏季不至长时间高温。快大型白羽肉鸡生长速度快，对气候环境条件要求高，适合在北方地区饲养。南方则适合饲养生长速度较慢、抗逆性较强的黄羽肉鸡（优质肉鸡）。

7. 肉鸡场安装的常见喂料设备有哪些？

（1）开食盘　适用于雏鸡最初几天饲养，目的是让雏鸡有更多的采食空间，开食盘有方形、圆形等形状。面积大小视雏鸡数量而定，一般为60~80只/个，圆形开食盘直径为350毫米或450毫米，多用塑料制成。

（2）圆形饲料桶　可用塑料和镀锌铁皮制作，主要用于平养。圆形饲料桶置于一定高度，料桶中部有圆锥形底，外周套以圆形料盘。料盘直径30~40厘米，料桶与圆锥形底间有2~3厘米的间隙，便于饲料流出。通常规格有2和4千克两种。

（3）料槽　合理的料槽应该是表面光滑平整、采食方便、不浪费饲料、鸡不能进入、便于拆卸清洗消毒。制作料槽的材料可选用木板、竹筒、镀锌板等。常见的料槽为条形或V字形，主要用于笼养鸡。

8. 常见自动喂料系统有哪些？

（1）链条式喂料系统　包括料箱、驱动装置、支架型链式喂料系统。能够保证将饲料均匀、快速、及时地输送到整栋鸡舍。

（2）行车式喂料系统　包括地面料斗、输料管道及管道内螺旋弹簧、动力，将饲料输送到鸡舍内的行车式喂料机。

（3）斗式喂料系统　包括室外储料塔、输料管道及管道内螺旋弹簧、动力，将饲料输送到鸡舍内的行车式斗式喂料车。

（4）塞盘式喂料系统　包括室外料塔、输料管道及塞盘式给料机，将饲料输送到鸡舍内的塞盘式给料系统。

（5）上料车　标准化鸡场笼养肉鸡可配备自动上料车。自动化程度比较低的鸡场或者大棚养鸡场，可根据鸡舍内走道宽窄，自己焊制手推车上料。

9. 肉鸡笼养自动上料车由哪些结构组成？

肉鸡笼养设备不单是笼子，还有自动清粪机，自动上料机等。

肉鸡笼养自动上料机的组成有：机架、行走动力输出系统、行走系统、下料动力系统、料量调节系统、配电系统。

（1）机架　机架一般采用优质的矩形钢材焊接而成，质量要可靠，具有承载能力大、结构不变形等优点。

（2）行走动力系统　行走动力系统是由电机配摆线针轮减速机驱动。要求故障率低，寿命长，运行平稳，运行时的噪声小，可以减少噪声对鸡只的影响。

（3）行走系统　上料机的行走系统中的传动机构多采用链条，链轮传动，使用优质的铸铁加工而成，具有防震效果好、耐腐蚀等优点，导轨采用方钢铺设，使运行过程中行走平稳，可以增加接触面积，防止打滑，节约电能。

（4）下料动力系统　上料机的下料动力系统多配有匀料器，可以确保下料的时候均匀。

（5）料量调节系统　可以通过调节减变速电机的转速，来调节下料量。

（6）配电系统　上料机的配电系统要使用限位开关，在行走结束时能自动停止。

（7）提升系统　上料机的提升系统由平输送机和竖输送机组成，

竖输送机可以将饲料从地面输送到平输送机上，后者将饲料均匀地分配到喂料机上的各料斗中，待喂料机的料斗全部装满后，光电开关接收到信号将电机的控制回路断开，结束输送饲料的工作，降低了工作强度，减少了工时浪费，充分地提高了工作效率。

10. 使用肉鸡笼养自动喂料系统应注意哪些问题?

正确的投料方式在笼养鸡舍管理中是仅次于通风的一项重要的工作，投料方式不正确，不仅会造成饲料浪费、鸡的食欲下降，更会因发霉变质等原因造成鸡中毒死亡，抵抗力下降。

① 开机前检查是否有人站在危险处，机器在行走和开机前，禁止脚踏在料车的轨迹上面。

② 将喂料机开到主料线下，打满一个料仓关闭一个，最后关闭主料线。

③ 将每一个料仓内的料抚平，放出下料管内的料。

④ 投料前要检查料量控制口大小是否均匀。

⑤ 前进 15 米要立即停止，逐一检查每个食槽，确认均匀后方可正式启动饲喂。

⑥ 要保持每天至少有一次使鸡将槽内的饲料吃净，以保证槽内始终是新鲜饲料，防止饲料发霉变质。各场要制定统一的清槽时间，以确保清槽的质量。

⑦ 清槽前饲养员要做到以下几点。

A. 清槽前一次投料，要单独投料，即喂料器开启最多同时向 6 条食槽供料，最好 3 条，喂料前其他插板（上）关严，喂料时饲养员在喂料器前检查食槽剩料情况，尽量确保槽内饲料均匀。

B. 喂料后 2 小时，开始第一次匀料，饲养员检查槽内饲料。剩料过多的匀到无料或剩料少的地方。

C. 舍内饲料大部分吃完后，饲养员进行最后一次匀料，未吃完的地方要用撮子匀到无料的地方，使舍内各个地方余料基本吃完。

⑧ 喂料时间。由于是机械化投料，再加上鸡的采食量逐日递增，所以不应设固定的时间饲喂，但必须有至少 1/3 的地方吃净，1/3 的地方基本吃净，方可进行下一次饲喂（鸡只两小时不进食，不会影响

鸡的生长和采食量）。

⑨要及时清理槽内粪便，免使饲料遭到污染。

⑩饲喂512＃、513＃料要绝对禁止同时投料，由于512＃、513＃粒大，很容易导致下料口堵塞，因此只允许同时向6趟食槽（一条走道的两面）投料。饲养员要走在料机后面，以检查料机是否正常下料。

⑪一次喂料结束后，喂料机要置放在鸡舍下端，以便于对鸡舍的检查和管理匀完料后于下次投料前1小时开回。

11. 饮水系统由哪些设备构成？

一个完备的舍内自动饮水系统应该包括过滤器、加药器、减压水箱（调压阀）、消毒和软化装置，以及饮水器及其附属的管路（水线）等。其作用是随时都能供给肉鸡充足、清洁的水，满足鸡的生理要求，但是软化装置投资大，设备复杂，一般难以做到理想的程度，可以根据当地水质硬度情况灵活安排。

目前，肉鸡常用的饮水器有水槽、乳头式、杯式、塔形真空式、吊塔式等。其中最常用的饮水器如下。

（1）水槽　主要用于笼养肉种公鸡。水槽的截面有"V"形和"U"形，多为长条形塑料制品，能同时供多只鸡饮用。水槽结构简单，成本低廉，便于直观检查。缺点是耗水量大，公鸡在饮水时容易污染水质，增加了疾病的传播机会。水槽应每天定时清洗消毒。水槽的水量控制有人工加水或水龙头常流水。

（2）乳头式饮水器　分为锥面、平面和球面密封型3大类，设备利用毛细管原理，在阀杆底部经常保持挂有一滴水，当鸡啄水滴时便触动阀杆顶开阀门，使水自动流出供其饮用，平时则靠供水系统对阀体顶部的压力，使阀体紧压在阀座上防止漏水，乳头式饮水器适用于2周龄以上肉鸡。

（3）杯式饮水器　由杯体、杯舌、销轴和密封帽等组成，它安装在供水管上。杯式饮水器供水可靠，不易漏水，耗水量小，不易传染疾病，主要缺点是鸡饮水时将饲料残渣带进杯内，需要经常清洗，比较麻烦。

（4）塔形真空饮水器　由一个上部呈馒头形或尖顶的圆桶，与下面的1个圆盘组成。圆桶顶部和侧壁不漏气，基部离底盘高2.5厘米处开1~2个小圆孔，圆桶盛满水后，当底盘内水位低于小圆孔时，空气由小圆孔进入桶内，水就会自动流到底盘；当盘内水位高出小圆孔时，空气进不去，水就流不出来。这种饮水器结构简单，使用方便，便于清洗消毒。

（5）吊塔式饮水器　主要用于平养肉鸡。饮水器吊在鸡舍内，高度可调，不妨碍鸡的自由活动，又使鸡在饮水时不能踩入水盘，可以避免鸡粪等污物落入水中。顶端有进水孔，用软管与主水管相连。使用吊塔式饮水器时，水盘环状槽的槽口平面应与鸡背等高。

12. 饮水系统怎样操作及保养？

（1）过滤器的操作及保养

① 进出水压表的差值不能超过2个刻度（以内圈为准），否则应清洗滤芯或返冲。

② 出鸡后要取出滤心清洗干净，进鸡后要每天返冲一次。

（2）加药器的操作及保养

① 加药器在使用前，检查其吸水管、过滤网是否完整，测定加药器比例，水阀是否好用。

② 使用时将吸水管头置入药液中，打开加药水阀，关闭清水阀，手按加药器顶部的按钮放气。

③ 加完药后用0.5千克清水吸入加药器，以清洗加药器。

④ 平时不用时将加药器吸水管头清洗干净用塑料布包好，并将吸水管盘挂起来。

（3）水线和调压阀的操作及保养

① 使供水管线与鸡舍地面呈水平状态。

② 把供水管线下方的垫料弄平整。

③ 用调压器底部的旋钮调节水压，使水线立管内的浮球高度1日龄8~10厘米，以后每天调高1厘米。

④ 触动所有的饮水乳头以确保每只乳头都有饮水。

⑤ 水位高度指水线管中心到立管内液面的距离，水线高度指垫

料表面到乳头平面的距离。

⑥ 用绞盘系统将水线提升到合适高度，在育雏前两天，水线高度 11~12 厘米，雏鸡应以 30° ~45° 角饮水（与雏鸡鸡眼平行）。育雏 3~5 天应适当提高水线，使雏鸡以 60° 角饮水。在余下的生长日期内，每 2~3 天调整一次水线高度，使鸡以 70° ~80° 角乳头饮水。

⑦ 每周使用管刷清洗水位立管一次。

⑧ 出鸡后应排出水线内的积水，将水线调压器重调到 5 厘米，以延长调压器隔膜的寿命。配制 1∶300 的菌毒杀返冲清洗水线。

13. 控温设备主要有哪些？

当前，肉鸡养殖正在向规模化、集约化、现代化方向发展，以往的地下烟道即火炕供温将逐渐被淘汰，取而代之的是现代化的温控设备。

（1）红外灯与红外线保温伞　红外灯产热性能好，在电源供应较为正常的地区，可在育雏舍内温度不足时补充加热。红外灯灯泡的功率一般为 250 瓦，悬挂在离地面 35~40 厘米处，并可根据育雏温度高低的需要，调节悬挂高度。

（2）暖风机与暖风炉　暖风炉主机是风暖水暖结合的整机，以燃煤为主，配装轴流风机。运行安全可靠，热风量大，热利用率高，具有结构紧凑、美观、实用安全、节能清洁等特点，便于除尘与维修。

（3）湿帘及风机等降温设备　该设备主要用于密闭式鸡舍，是一种新型的降温设备，利用水蒸气降温的原理来改善鸡舍热环境。主要由湿帘和风机组成，循环水不断淋湿其湿帘，产生湿表面吸收空气中的热量而蒸发；通过低压大流量的节能风机的作用，使鸡舍内形成负压，舍外的热空气便通过湿帘进入鸡舍内，由于湿帘表面吸收了进入空气中的一部分热量使其温度下降，从而达到舍内温度降低的目的。

（4）低压喷雾系统　喷嘴安装在鸡舍上方，以常规压力进行喷雾。用于风机辅助降温的开放式鸡舍。

（5）高压喷雾系统　特制的喷头可将水由液态转为气态，这种变化过程具有极强的冷却作用。它是由泵组、水箱、过滤器、输水管、喷头组件、固定架等组成，雾滴直径在 80~100 微米。一套喷雾设备可安装3列并联150米长的喷雾管路。按一定距离在鸡舍顶部安装喷头。

（6）温度控制器

① 温度控制器上有两个旋钮，一个功能旋钮（小），一个设定旋钮（大）。

② 功能旋钮向右旋依次为设定温度，风机开的时间，风机关的时间，一挡设定温度，二挡设定温度，三挡设定温度，四挡设定温度。

③ 功能旋钮每选定一个功能可用设定旋钮进行设定，温度设定时向右旋一次加0.1℃，温度设定时向左旋一次减0.1℃，时间设定时向右旋一次加15秒，向左旋一次减15秒。

④ 功能。时间控制（最小通风量）：当风机开关时间设定上之后，控制器就按设定的时间执行，如设定开135/165则风机开135秒后停165秒后再开启。

温度控制：风机根据设定温度与各挡次的设定温度依次开启。如，设定温度为20℃，一挡0.5℃，二挡2℃，三挡0.5℃，四挡1.5℃。则在温度达到20.5℃时，设定的一挡风机开启，当温度下降到20℃时，风机关闭。如果温度还上升达到22.5℃时设定的二挡风机开启，当温度下降到20.5℃时二挡风机关闭，一挡风机正常工作。如果温度还在上升，以后挡位的风机会依次开启。

14. 如何选择通风设备？

鸡舍的通风换气按照通风的动力可分为自然通风、机械通风和混合通风3种，机械通风主要依赖于各种形式的风机设备和进风装置。

（1）常用风机类型　轴流式和离心式风机，圆周扇和吊扇一般作为自然通风鸡舍的辅助设备，安装位置与数量要视鸡舍情况而定。

（2）进气装置　进气口的位置和进气装置可影响舍内气流速度、进气量和气体在鸡舍内的循环方式。进气装置有以下几种形式。

① 窗式导气板。这种导风装置一般安装在侧墙上，与窗户相通，故称“窗式导风板”，根据舍内鸡的日龄、体重和外界环境温度来调

节风板的角度。

② 顶式导风装置。这种装置常安装在舍内顶棚上，通过调节导风板来控制舍外空气流量。

③ 循环用换气装置，主要是匀风窗。是用来排气的循环换气装置，当舍内温暖空气往上流动时，根据季节的不同，上部的风量控制阀开启程度不同，这样排出气体量与回流气体量亦随之改变，由排出气体量与回流气体量比例的不同来调控舍内空气环境质量。

15. 常用消毒设备有哪些?

（1）火焰消毒　主要用于肉鸡入舍前、出栏后喷烧舍内笼网和墙壁上的羽毛、鸡粪等残存物，以烧死附着的病原微生物。火焰消毒设备结构简单、易操作、安全可靠，以汽油或液化气作燃料，消毒效果好，操作过程中要注意防火，最好戴防护眼镜。常用的有燃气火焰喷烧器、汽油火焰喷灯等。

（2）自动喷雾消毒器　这种消毒器可用于鸡舍内部的大面积消毒，也可作为生产区人员和车辆的消毒设施。用于鸡舍内的固定喷雾消毒（带鸡消毒）时，可沿鸡舍上部，每隔一定距离装设一个喷头，也可将喷头安装在行走式自动料车上；用于车辆消毒时可在不同位置设置多个喷头，以便彻底消毒车辆。

（3）高压冲洗消毒机　用于房舍墙壁、地面和设备的冲洗消毒。该设备粒度大时具有较大的压力和冲力，能将笼具和墙壁上的灰尘、粪便等冲刷掉。粒度小时可形成雾状，加消毒药物则可起到消毒作用。气温高时还可用于喷雾降温。

此外还有畜禽专用气动喷雾消毒器，跟普通喷雾器的工作原理一样，人工打气加压，使消毒液雾化并以一定压力喷射出来。

16. 刮粪系统的使用与管理要领有哪些?

除了常用的粪车、铁锹、刮粪板、扫帚外，还可使用自动清粪系统——刮粪机。牵引式刮粪机：包括刮粪板、钢绳和动力装置。

饲养员要掌握肉鸡笼养刮粪系统的使用与管理要领。

① 使用前首先检查绳子的松紧度，特别前 7 天应每天紧一次，

以后 2~3 天紧一次。

② 维修工紧绳子时，本舍饲养员要跟在后面，严禁紧绳时开动机器，造成人身伤害。

③ 清粪机启动时，要分别开，同时开两台，看不过来容易拉断绳子。

④ 每天 2~3 小时刮粪一次，时间长了刮不动，也容易拉坏设备。

⑤ 使用过程中，要注意行程开关，如不好用，不自动停机会损坏电机。

⑥ 粪必须清出舍外，目前清粪机刮板直接送出舍外，如拉粪不及时势必将粪堵在舍内，饲养人员清完粪后必须到粪场检查是否刮到指定位置。

⑦ 刮粪前检查拉绳松紧，转角处的拉绳是否出轨，重叠。粪板的引导轮是否正常。

⑧ 刮粪时饲养员必须守在接触器旁，一旦刮粪机有运转故障，脱绳应立即停机，调整好再开。

⑨ 刮粪以后要检查挡粪板是否恢复正常，刮粪板应该一个在鸡舍上端，一个在鸡舍下端。

17. 规模化鸡场使用什么断喙设备？

为减少饲料浪费及相互啄食，肉种鸡需要断喙。断喙器（图 1-3）型号很多。

图 1-3　断喙器

18. 怎样维护和保养水线?

（1）水线选择　入舍主管道选择32号的PVC管、PPR管、水井管(塑料管、机井管)，较粗的管道不易堵，能保证鸡群正常饮水；同时还能做到冲洗一根水线时，其他水线照常饮水。

水线管接头：耐0.2~0.3兆帕以上的水压，能保证足够的压力冲洗水线。

乳头：肉食鸡要求乳头出水量60~80毫升/分钟。每个乳头可饲养8~10只鸡。冲洗水线时和无鸡只饮水时，乳头不漏水。准备好冲洗水线的阀门和管道，使冲洗水线简单易行且管道最细处至少25号，用粗管冲细管，才能保证水压，冲洗干净水线。减压阀、过滤器、加药器等易损，需常修缮保养，部件用活接连接，便于拆卸。减压阀、水线末端等处的排气阀能排气，但要求冲洗水线时不漏水(陈旧水线可改造成排气、冲洗一体管道)。供水力0.2~0.3兆帕，能使用变频供水泵，稳定供水压力最好。

（2）水线管理　水线规范安装，平直、乳头垂直向下。水线必须有过滤器，且要保证滤芯清洁，必要时滤芯一批鸡一换。保证水线减压阀的清洁，必要时每批鸡拆卸清洁，准备好备用减压阀。水线高度要合理，早期伴随鸡群快速生长要3天左右调整高度1次，后期逐步5~7天调整高度1次。早期饮水角度（鸡头颈与乳头垂直线）45°~60°，后期逐步调整到30°~45°为宜。少用葡萄糖、中药超微粉、脂溶性维生素等易堵水线的药物。水线最忌讳频繁拆卸接头、乳头等，严重影响水线使用寿命。淘汰鸡、冲洗设备时、水线升高时要水平升高，切忌粗暴操作损坏水线。冬季空舍水线要防冻，要么棚舍保温，要么彻底排干净水线内残留水。

（3）水线清洁　家禽饮水微生物超标，硬度过高，重金属离子浓度超标可能会引发多种疾病，破坏营养物质，杀灭饮水疫苗等。因此，在家禽饲养管理过程中改善水质的工作越来越被重视。水线冲洗的方法主要如下。

① 高压冲洗法。准备好简便易操作的冲洗管道流程，保证冲洗压力。早期饮水量、饮药量均少，后期逐步增加，越到后期水线越容

易堵，越是体现养殖效益的关键时期。因此早期 5~7 天冲洗一遍水线即可；中期 3~5 天，后期 1~2 天冲洗一遍。保证冲洗水压的同时，可用橡皮锤轻轻敲打水线。

② 毛管刷洗法。将白色线穿入水线管，固定毛刷，拉出白色线，反复多次后清洁如新；配合化学药品浸泡，效果更佳。

③ 海绵球冲洗法。将海绵裁剪或者撕扯成条状，球状等塞入水线管内，海绵在管道内随水流滚动擦洗干净水线。注意海绵大小，供水压力，水线管路无瓶颈环节。注意，乳头伸进水线管内部分少于水线管内径 1/3 时，不影响海绵在水线管内移动。

④ 化学浸泡法。二氯异氰尿酸钠等化学药品，用一定浓度浸泡 2 小时以上，然后冲洗出污物，配合其他物理水线冲洗法，效果更佳；注意浸泡液不能给畜禽饮用，应当提高水线或者在夜间熄灯后冲洗。

⑤ 塑料豆冲洗法。选择密度与水相差不大，直径在 3 毫米左右的塑料豆（球），拧开活接，置入水线管内，拧上活接，打开自来水，将塑料豆从另一端接出，塑料豆在水线管内随着水流动时碰撞刮擦水管壁上的生物膜，起到清洁作用。洗净塑料豆（球）备下一次用。

⑥ 臭氧水洗法。用专业设备，使用臭氧、水，脉冲式交替冲洗水线管内壁，臭氧腐蚀水线内壁附着的生物膜，水冲洗掉脱落下来的杂质。这种方法还有水线消毒的作用。

19. 料线怎样维护和保养?

网上平养多使用塞盘式料线，夏季，要注意料塔不可一次贮料过多，随用随加。笼养肉鸡自动料线的使用和维护如下。

① 使用上料机设备前，养殖户应该仔细阅读说明书，并且要全面地了解上料机的基本结构和按钮的操作。

② 在养殖将饲料置于料仓中之后，要调整出料口按钮，要使每个出料口出料基本一致。调整完毕后，就可关闭左右鸡料按钮。

③ 在使用时，要将上料机电源开关置于“开”的位置，然后就启动左右绞龙升降，将出料口置于料槽内，出料口长度不够时可以接换。

④ 鸡笼上面的喂料槽应该设置平坦和稳固，以免在设备使用的过程中影响工作效果。

⑤ 在设置轨道时，应该将轨道按要求水平安排在鸡舍内人行道的中间，使料车两侧面到食槽位置保持等距。

⑥ 操作上料机时，要将设备的调速器开关调至最小，再启动上料机的前行开关，将加料机的调速开关箱调整到所需的运行速度，之后关闭料机前行开关，固定好调速位置。

⑦ 一定要注意在加料之前要把电源的开关关闭，并且要将上料机的运行开关置于进或退处，给料开关置于“加料处”，即启动加料开关，上料机开始运行给料。

20. 怎样进行风机和湿帘的安装和使用？

（1）风机　通风机械普遍采用的是风机和风扇。现在一般鸡舍通风多采用大直径、低转速的轴流风机。

纵向风机，一般安装在鸡舍远端（污道一侧），采用负压通风方式，风机数量在 8~12 个，甚至更多。风机功率 1.1~1.4 千瓦 / 台。纵向风机的作用，主要是满足肉鸡养殖后期和炎热季节对散热降温的需要。

侧向风机，均匀分布在鸡舍的一侧，采用负压通风方式。风机功率 0.2~0.4 千瓦 / 台。侧向风机主要是满足肉鸡育雏期通风换气的需要，寒冷季节养殖肉鸡，主要依赖侧向风机的通风换气。但在我国北方冬季养殖肉鸡，很少使用纵向风机。

侧向风机和纵向风机的有效组合，支撑着通风换气系统的正常运转。

开放式鸡舍主要采用自然通风，利用门窗和自动通风天窗（轴流风机和换气扇结合使用）的开关来调节通风量，当外界风速较大或内外温差大时，通风较为有效；而在夏季闷热天气，自然通风效果不大，需要机械通风作为补充。有些地区，也可使用通风管通风换气。

（2）湿帘　主要作用是空气通过湿帘进入鸡舍时降低了一些温度，从而起到降温的效果。湿帘降温系统由纸质波纹多孔湿帘、湿帘冷风机、水循环系统及控制装置组成。夏季空气经过湿帘进入鸡舍，可降低舍内温度5~8℃。

21. 怎样检查电脑环境控制器、自动进风口等设备设施？

（1）环境控制器的检查　定期检查环境控制器探头、仪表位置是否合适，有无移动，保证温度、湿度、负压指数具有代表性；根据舍内鸡只要求及时调整环境控制器的各项指标示数，以更好地控制舍内环境。环境控制器一般由技术场长或助理管理人员操作。

（2）发电机及配电设备的检查　要定期检查，以保证良好的工作状态。

（3）门窗的开启和关闭　随时检查门窗和烟囱，出现问题及时修缮。

（4）自动进风口管理及要求

① 自动进风口在使用前确保：负压进出管探头无堵塞，使用正常；负压电脑打开，显示正常；负压范围设定在夏季50~100帕，在冬季根据风口开启大小设定负压；风口卷帘机手动开关关闭，自动行程开关固定紧，铁盒盖盖上；风口开关整齐划一，常关闭风口不要连接到风口钢丝绳上；控制钢丝绳的空心砖位置应吊在墙的中下方，重量约10千克。

② 使用过程。夏季，风口开启大小满足负压所要求的范围：50~100帕。为了防止风机刚启动时舍内负压过大，在风口关闭时留1~2厘米的缝隙；冬季，风口开启大小能满足鸡舍的最小换气量，在确保舍内温度、舍内空气不发闷的情况下设定负压范围，风口关闭时北面风口一定全关闭；负压电脑所设定的负压范围保证风口不要频繁开关；每天检查一次风口钢丝绳磨损情况，磨损严重时找维修工及时修理、更换。

第二章　肉鸡的营养与饲料

1. 肉鸡生长需要哪些营养物质?

肉鸡营养需求主要是肉鸡对能量、蛋白质、维生素、矿物质和微量元素的需求。

（1）蛋白质和能量　在肉鸡生产过程中，提倡高蛋白高能量饲料。但高能、高脂易发生腹水症，死亡率＞10%。要按标准掌握好蛋白能量水平。一般要求粗蛋白（CP）：育雏22%，育成20%，后期18%。代谢能（ME）：育雏3 050焦耳，育成3 150焦耳，后期3 200焦耳。能量太高会影响采食量，经济效益也不合算，采食不足又难以增重，因此应注意调配。

日粮能量可按蛋能比调整。蛋能比=ME（千卡/千克）/CP。具体蛋能比参考数据：0~21日龄，135~140；22~34日龄，160~165；35日龄以后，175~180。

代谢能 × 料重比≤6 000千卡/千克为最佳，如超过应调节代谢能或蛋白，以达到最佳经济效益。

① 蛋白质、能量比。影响肉鸡生长和饲料效率的最大问题之一是饲料中蛋白质和能量比。饲料中能量与蛋白质的含量处于最佳配比，才能使增重最高，饲料转化率最高。如果提高饲料中的能量，则能量蛋白质比扩大，增重下降。饲料能量蛋白质比平衡会因鸡只日龄、饲粮组成、环境温度和各种应激因素变化而变化。

② 合理的蛋白质摄取量。蛋白质是影响肉鸡增重和饲料效率最主要的养分之一，它有一个最适当的摄取量。

（2）维生素　饲料中的维生素往往超量，摄取过量也相当安全，况且在不良环境、疾病、快速生长的紧迫下，维生素的需求量增加。

（3）*矿物质* 矿物质喂饲不应超过鸡只需求。矿物质间存在有复杂的交互作用，但目前仅知少部分关系。过量的钙会影响机体磷、锌的吸收。且钙与蛋白质间也会交互影响，这主要是受钙、硫间作用，高钙饲粮必须提高含硫氨基酸含量。矿物质过量的最大问题还在于影响电解质或酸碱平衡。

白羽肉鸡不同生长阶段的营养需要见表 2–1。

表 2–1 肉鸡不同生长阶段的营养需要（90% 干物质）

营养素	0~3 周龄	3~6 周龄	6~8 周龄
能量（兆焦 / 千克）	12.54	12.96	13.17
粗蛋白（%）	23	20	18
精氨酸（%）	1.25	1.1	1
甘氨酸 + 丝氨酸（%）	1.25	1.14	0.97
组氨酸（%）	0.35	0.32	0.27
异亮氨酸（%）	0.8	0.73	0.62
亮氨酸（%）	1.2	1.09	0.93
赖氨酸（%）	1.1	1	0.85
蛋氨酸（%）	0.5	0.38	0.32
蛋氨酸 + 胱氨酸（%）	0.9	0.72	0.6
苯丙氨酸（%）	0.72	0.65	0.56
苯丙氨酸 + 酪氨酸（%）	1.34	1.22	1.04
脯氨酸（%）	0.6	0.55	0.46
苏氨酸（%）	0.8	0.74	0.68
色氨酸（%）	0.2	0.18	0.16
缬氨酸（%）	0.9	0.82	0.7
亚油酸（%）	1	1	1
钙（%）	1	0.9	0.8
氯（%）	0.2	0.15	0.12
镁（毫克）	600	600	600
非植酸磷（%）	0.45	0.35	0.3
钾（%）	0.3	0.3	0.3
钠（%）	0.2	0.15	0.12
铜（毫克）	8	8	8
碘（毫克）	0.35	0.35	0.35
铁（毫克）	80	80	80
锰（毫克）	60	60	60
硒（毫克）	0.15	0.15	0.15
锌（毫克）	40	40	40

（续表）

营养素	0~3 周龄	3~6 周龄	6~8 周龄
A（IU）	1 500	1 500	1 500
D_3（IU）	200	200	200
E（IU）	10	10	10
K（毫克）	0.5	0.5	0.5
B_{12}（毫克）	0.01	0.01	0.007
生物素（毫克）	0.15	0.15	0.12
胆碱（毫克）	1 300	1 000	750
叶酸（毫克）	0.55	0.55	0.5
烟酸（毫克）	35	30	25
泛酸（毫克）	10	10	10
吡哆醇（毫克）	3.5	3.5	3
核黄素（毫克）	3.6	3.6	3
硫胺素（毫克）	1.8	1.8	1.8

注：0~3、0~6 和 6~8 周龄段划分，源于研究的时间顺序；肉鸡不需要粗蛋白本身，但必须供给足够的粗蛋白以保证合成非必需氨基酸的氮供应；粗蛋白建议值基于玉米－豆粕型日粮提出，添加合成氨基酸时可下调；当日粮含大量非植酸磷时，钙需要应增加

（4）水分　水分是肉鸡各组织器官的重要组成成分，是生理活动的重要基础，对其他营养物质的消化、吸收、代谢、运输、排泄及血液循环和体温调节均起着重要的作用。

2. 优质肉鸡的营养参考标准各是多少？

（1）优质鸡的饲料营养　优质鸡的营养没有可供参考的国家标准，多数饲料场采用育种单位的推荐标准，有些饲养户甚至使用白羽肉鸡的营养标准，这些营养标准多数高于优质鸡的生长需求，因而影响其饲料报酬。优质鸡不同鸡种的差异较大，标准难以统一；满足优质鸡的营养需要是既充分发挥鸡种生长潜力，又提高饲料经济报酬的首要条件。在实际生产中应以鸡种推荐的营养需要标准为基础，以提高饲料经济报酬目标，适当降低营养标准。此外，还要注意饲料的多样化，改善鸡肉品质。

（2）优质鸡的参考营养标准　为了合理的饲养鸡群，即要充分发挥它们的生产能力，又不浪费饲料，必须对各种营养物质的需要量规定一个大致标准，以便在饲养实践中有所遵循。

优质鸡的生长速度不求快、生长期长，对饲料中的营养要求低，下面列出其粗蛋白质、代谢能、钙、磷等主要营养需要，其他营养需要可参照肉鸡标准并适当降低。

①优质种鸡参考营养标准见表 2–2。

表 2–2　优质种鸡参考营养标准

项目	后备级阶段（周龄）		产蛋期（周龄）	
	0~5	6~14	15~19	20 以上
代谢能（兆焦 / 千克）	11.72	11.3	10.88	11.30
粗蛋白质（%）	20.0	15	14	15.5
蛋能比（克 / 兆焦）		17	13	14
钙（%）	0.90	0.60	0.60	3.25
总磷（%）	0.65	0.50	0.50	0.60
有效磷（%）	0.50	0.40	0.40	0.40
食盐（%）	0.35	0.35	0.35	0.35

②优质肉鸡参考营养标准见表 2–3。

表 2–3　优质肉鸡参考营养标准

项目	周龄			
	0~5	6~10	11	11 周后
代谢能（兆焦 / 千克）	11.72	11.72	12.55	13.39~13.81
粗蛋白质（%）	20.0	18.0~17.0	16.0	16
蛋能比（克 / 兆焦）	17	16	13	13
钙（%）	0.9	0.8	0.8	0.7
总磷（%）	0.65	0.60	0.60	0.55
有效磷（%）	0.50	0.40	0.40	0.40
食盐（%）	0.35	0.35	0.35	0.35

以上标准主要针对地方特有品种

3. 白羽肉鸡营养标准各是多少?

中速、快长型肉鸡，含有部分肉用仔鸡血缘，肉鸡的生长性能介于肉用仔鸡和地方品种肉鸡之间，13 周龄体重约 1.60~2.0 千克；而成年母鸡的体重和繁殖性能比较接近肉用仔鸡种，所以这两个类型的鸡的营养标准可根据这些生理特点而确定。

（1）中速、快大型种鸡营养标准见表 2–4。

表 2–4　中速、快大型种鸡营养标准

项目	后备级阶段（周龄）		产蛋期（周龄）	
	0~5	6~14	15~22	23 以上
代谢能（兆焦 / 千克）	12.13	11.72	11.3	11.30
粗蛋白质（%）	20.0	16.0	15.0	17.0
蛋能比（克 / 兆焦）	16.5	14.0	13.0	15.0
钙（%）	0.90	0.75	0.60	3.25
总磷（%）	0.75	0.60	0.50	0.70
有效磷（%）	0.50	0.50	0.40	0.45
食盐（%）	0.37	0.37	0.37	0.37

（2）中速、快大型商品肉鸡营养标准见表 2–5。

表 2–5　中速、快大型商品肉鸡营养标准

项目	0~1	2~5	6~9	10~13
代谢能（兆焦 / 千克）	12.55	11.72~12.13	13.81	13.39
粗蛋白质（%）	20.0	18.0	16	23.0
蛋能比（克 / 兆焦）	16.0	15.0	11.5	17.0
钙（%）	0.9~1.1	0.9~1.1	0.75~0.9	0.9
总磷（%）	0.75	0.65~0.7	0.60	0.7
有效磷（%）	0.55~0.60	0.5	0.45	0.55
食盐（%）	0.37	0.37	0.37	0.37

4. 应用推荐的营养需要标准时，应注意哪些问题？

凡饲养标准或营养需要的制订均以一定的条件为基础，有其适用范围，故在应用本推荐营养需要时应注意如下事情。

（1）所列指标以全舍饲养条件为主　如果大运动场放养时可适当调整。

（2）标准最少应满足以下指标　代谢能、粗蛋白质、蛋白能量比、钙、磷、食盐、蛋氨酸（或蛋氨酸和胱氨酸）、赖氨酸与色氨酸。

（3）表中所列营养需要量还受下列因素的影响

① 遗传因素。鸡的不同种类品种、性别、年龄对营养需要都有影响，特别是对蛋白质的要求。因此，应根据饲养的具体鸡种，适当调整。

② 环境因素。温度对营养需要影响最大，首先影响采食量，为了保证鸡每天能采食到足够的能量、蛋白质及其他养分，应根据实际气温调整饲粮的营养含量。

③ 疾病等应激因素。发生疾病或转群、断喙、疫苗注射、长途运输等，通常维生素的消耗量比较大，应酌情增加。

5. 肉鸡常用的能量饲料有哪些？

这类饲料富含淀粉、糖类和纤维素，包括谷实类、糠麸类、块根、块茎和瓜类，以及油、糖蜜等，是肉鸡饲料主要成分，用量占日粮的60%左右，此类饲料的粗蛋白质含量不超过20%，一般低于15%，粗纤维低于18%，所以仅靠这种饲料喂鸡不能满足肉鸡的需要。

（1）谷实类　谷实类饲料的缺点：蛋白质和必需氨基酸含量不足，粗蛋白质含量一般8%~14%，特别是赖氨酸、蛋氨酸和色氨酸含量少。钙的含量一般低于0.1%，磷含量0.314%~0.45%，缺乏维生素A和维生素D。

① 玉米。代谢能12.55~14.10兆焦/千克，粗蛋白质8.0%~8.7%，粗脂肪3.3%~3.6%，无氮浸出物70.7%~71.2%，粗纤维1.6%~2.0%，适口性好，易消化。黄玉米一般每千克含维生素A3 200~4 800国际单位，白玉米含维生素A仅为黄玉米的1/10。黄玉米还富含叶黄素，是蛋黄和皮肤、爪、喙黄色的良好来源。玉米的缺点是蛋白质含量低，且品质较差，色氨酸（0.07%）和赖氨酸（0.24%）含量不足，钙（0.02%）、磷（0.27%）和B族维生素（维生素B_1除外）含量亦少。玉米含亚油酸丰富。玉米胚大，收获期正处在气温高、多雨水的季节，易被虫蛀。因此，玉米容易感染黄曲霉菌而影响饲用，贮存时水分应<13%。在鸡日粮中，玉米可占50%~70%。

② 小麦。含能量约为玉米的90%，约12.89兆焦/千克，蛋白

质多，氨基酸比例比其他谷类完善，B 族维生素丰富。适口性好，易消化，可以作为鸡的主要能量饲料，一般可占日粮的 30% 左右。但因小麦中不含类胡萝卜素，如对鸡的皮肤和蛋黄颜色有特别要求时，适当予以补充。当日粮含小麦 50% 以上时，鸡易患脂肪肝综合征，必须考虑加生物素。

③ 大麦。碳水化合物含量稍低于玉米，蛋白质含量约 12%，稍高于玉米，品质也较好，赖氨酸含量高（0.44%）。适口性差于玉米和小麦，好于高粱，但如粉碎过细、用量多，因其黏滞，鸡不爱吃。粗纤维含量较多，烟酸含量丰富，日粮中的用量以 10%~20% 为宜。

（2）糠麸类

① 麦麸。小麦麸蛋白质、锰和 B 族维生素含量较多，适口性强，为鸡常用的辅助饲料。但能量低，代谢能约 6.53 兆焦 / 千克，粗蛋白质约 14.7%，粗脂肪 3.9%，无氮浸出物 53.6%~71.2%，粗纤维 8.9%，灰分 4.9%，钙 0.11%，磷 0.92%，但其中植酸磷含量（0.68%）高，含有效磷 0.24%，麦麸纤维含量高，容积大，属于低热能饲料，不宜用量过多，一般可占日粮的 3%~15%。有轻泻作用。

② 米糠。含脂肪、纤维较多，富含 B 族维生素，用量太多易引起消化不良，常作辅助饲料，一般可占鸡日粮的 5%~10%。

（3）油脂　动物脂肪和油脂是含能量较高，动物油脂代谢能为 32.2 兆焦 / 千克，植物油脂含 36.8 兆焦 / 千克，适合于配合高能日粮。在饲料中添加动、植物油脂可提高生产性能和饲料利用率。肉用仔鸡日粮中一般可添加 5%~10%。

6. 肉鸡常用的蛋白质饲料有哪些？

凡饲料干物质中粗蛋白质含量超过 20%，粗纤维低于 18% 的饲料均属蛋白质饲料。根据来源不同，分为植物性和动物性蛋白质饲料两类。

（1）植物性蛋白质饲料　包括豆科籽实及其加工副产品。

① 豆饼、豆粕和膨化大豆粉。大豆经压榨法油后的产品通称“饼”，用溶剂提油后的产品通称“粕”，是饼粕类饲料中常用品种，蛋白质含量 42%~46%。大豆饼（粕）含赖氨酸高，味道芳香，适口

性好，营养价值高，一般用量占日粮的10%~30%。大豆饼（粕）的氨基酸组成接近动物性蛋白质饲料，但蛋氨酸、胱氨酸含量不足，故以玉米－豆饼（粕）为基础的日粮通常需要添加蛋氨酸。但是，如果日粮中大豆饼（粕）含量过多，可能会引起雏鸡粪便粘着肛门的现象，还会导致鸡的爪垫炎。加热处理不足的大豆饼含有抗胰蛋白酶因子、尿素酶、血球凝集素、皂素等多种抗营养因子或有毒因子，鸡食入后蛋白质利用率降低，生长减慢，产蛋量下降。

膨化大豆粉是将整粒大豆磨碎，调质机内注入蒸汽以提高水分及温度，通过挤压机的螺旋轴，经由螺旋、摩擦产生高温、高压，再由较尖的出口小孔喷出，大豆在挤压机内受到短时间热压处理。挤出后再干燥冷却既得成品。膨化大豆粉具有高能量、高蛋白、高消化率的特性，并含有丰富的维生素E和卵磷脂，它是配制高能量高蛋白饲料的最佳植物性蛋白原料。据测定，膨化大豆粉的各种氨基酸消化率都在90%以上。

② 花生饼粕。营养价值仅次于豆饼，适口性优于豆饼，含蛋白质38%左右，有的含蛋白质44%~47%，含精氨酸、组氨酸较多。配料时可以和鱼粉、豆饼一起使用，或添加赖氨酸和蛋氨酸。花生饼易感染黄曲霉毒素，使鸡中毒，贮藏时切忌发霉，一般用量可占日粮的15%~20%。

③ 菜籽饼粕。蛋白质含量34%左右，粗纤维含量约11%。含有一定芥子苷（含硫苷）毒素，具辛辣味，适口性较差，产蛋鸡用量不超过10%，后备生长鸡5%~10%，经脱毒处理可增加用量。

④ 棉仁饼粕。蛋白质含量丰富，32%~42%，氨基酸含量较高，微量元素含量丰富、全面，代谢能较低，粗纤维较高（约10%，高者18%）。棉仁饼粕含游离棉酚和棉酚色素，易导致蓄积性中毒，或缺铁。要处理后应用，并控制用量。

（2）动物性蛋白质饲料

① 鱼粉。鱼粉是养鸡最佳的蛋白质饲料，营养价值高，必需氨基酸含量全面，特别是富含植物性蛋白质饲料缺乏的蛋氨酸、赖氨酸、色氨酸，并含有大量B族维生素和丰富的钙、磷、锰、铁、锌、碘等矿物质，还含有硒和促生长未知因子，是其他任何饲料所不及

的。一般用量占日粮的2%~8%。饲喂鱼粉可使鸡发生肌胃糜烂，特别是加工错误或贮存中发生过自燃的鱼粉中含有较多的“肌胃糜烂因子”。鱼粉还会使鸡肉出现不良气味。鱼粉应贮存在通风和干燥的地方，否则容易生虫或腐败而引起中毒。

② 肉骨粉。肉骨粉是屠宰场或病死畜尸体等经高温、高压处理后脱脂干燥制成。营养价值取决于所用的原料，饲喂价值比鱼粉稍差，含蛋白质5%左右，含脂肪较高。最好与植物蛋白质饲料混合使用，雏鸡日粮用量不要超5%。含脂肪较高，易变质腐败，喂前应注意检查。

7. 肉鸡常用的矿物质饲料有哪些?

（1）含钙饲料　贝壳、石灰石、蛋壳均为钙的来源，其中贝壳最好，含钙多，易被鸡吸收，饲料中的贝壳最好有一部分碎块。石灰石含钙高，价格便宜，但有苦味，注意镁的含量不得过高（不超过0.5%），还要注意铅、砷、氟的含量不超过标准。蛋壳经过清洗煮沸和粉碎之后，也是较好的钙质饲料。这3种矿物质饲料用量，雏鸡占日粮的1%左右。此外，石膏（硫酸钙）也可作钙、硫元素的补充饲料，但不宜多喂。

（2）富磷饲料　骨粉、磷酸钙、磷酸氢钙是优质的磷、钙补充饲料。骨粉是动物骨骼经高温、高压、脱脂、脱胶、碾碎而成。因加工方法不同，品质差异大，选用时应注意磷含量和防止腐败。一般以蒸制的脱胶骨粉质量较好，钙、磷含量可分别达30%和14.5%，磷酸钙等磷酸盐中含有氟和砷等杂质，未经处理不宜使用。骨粉用量一般占日粮1%~2.5%，磷酸盐一般占1%~1.5%，磷矿石一般含氟量高并含其他杂质，应做脱氟处理。饲用磷矿石含氟量一般不宜超过0.04%。

（3）食盐　食盐为钠和氯的来源，雏鸡用量占日粮的0.25%~0.3%，成鸡占0.3%~0.4%，如日粮中含有咸鱼粉或饮水中含盐量高时，应弄清含盐量，在配合饲料中减少食盐用量或不加。

（4）其他　砂砾有助于肌胃的研磨力，笼养和舍饲鸡一般应补给。

8. 肉鸡常用的维生素饲料有哪些？

维生素饲料包括工业合成的单一维生素（如维生素A微型胶囊等）和复合维生素（即多维素）。肉鸡生产中一般采用复合维生素，加于工厂化生产的配合饲料中，因饲料中已按规定添加了多维素，故喂前可不必再添加。自配饲料中，一般维生素比较缺乏，除按营养需要的规定添加外，还需考虑日粮组成情况及环境条件，一般添加量应比需要量多1倍左右。许多维生素易在空气中氧化，使用时要现用现拌，防止放置时间过长而失效；拌和不均，易发生中毒事故；购买数量不宜过多，并注意使用有效期；保存时要密封避光。

9. 肉鸡常用的饲料添加剂有哪些？

肉用鸡常用的饲料添加剂有：营养型和药物型添加剂。

（1）营养型添加剂

① 氨基酸。多数饲料中都缺乏蛋氨酸和赖氨酸，这两种氨基酸缺乏时会影响其他搭配的吸收利用，一般在肉鸡日粮中添加0.2%左右。

② 维生素。购买市售的要注意使用期限，以防变性导致鸡中毒。按说明书使用，一般在青饲料不足或冬季无青饲料时添加。

③ 微量元素。在某些微量元素缺乏地区，应补充相应的微量元素。添加时要特别注意标准和拌和均匀，防止含量过多，引起肉鸡中毒。

（2）药物型添加剂　肉鸡生产中允许使用的药物饲料添加剂见表2-6。

表2-6　药物饲料添加剂品种目录

序号	药物饲料添加剂名称
1	二硝托胺预混剂
2	土霉素钙预混剂
3	山花黄芩提取物散
4	马度米星铵预混剂

（续表）

序号	药物饲料添加剂名称
5	甲基盐霉素尼卡巴嗪预混剂
6	甲基盐霉素预混剂
7	吉他霉素预混剂
8	地克珠利预混剂
9	亚甲基水杨酸杆菌肽预混剂
10	那西肽预混剂
11	杆菌肽锌预混剂
12	阿维拉霉素预混剂
13	金霉素预混剂
14	盐酸氨丙啉乙氧酰胺苯甲酯预混剂
15	盐酸氨丙啉乙氧酰胺苯甲酯磺胺喹噁啉预混剂
16	盐酸氯苯胍预混剂
17	盐霉素预混剂
18	盐霉素钠预混剂
19	莫能菌素预混剂
20	恩拉霉素预混剂
21	海南霉素钠预混剂
22	黄霉素预混剂
23	维吉尼亚霉素预混剂
24	博落回散
25	喹烯酮预混剂
26	氯羟吡啶预混剂

10. 水对肉鸡有什么作用?

水是鸡保持健康和高产所必需的营养物质之一，实践证明，鸡缺水较缺饲料生存的时间更短。水分是一种润滑剂，有助于关节的活动，水分还参与生物化学反应。它可以变为离子状态，使细胞容易产生各种反应。机体新陈代谢的分解与合成过程大都与加水和去水有关系。因此，肉鸡饮水不足影响机体的健康和生产性能。

水是机体赖以生存的重要因素，是血液、细胞间和细胞内基本物质。水作为一种溶剂，保证营养物质的代谢利用和代谢废物的排出；通过控制体液 pH、渗透压和电解质浓度维持内环境的相对稳定；参与体温调节。

（1）水的来源　鸡体对水的需要可通过饲料中的水、饮水及营养物质终产物所产生的内源水来满足。

① 饲料水。各类饲料中均含有水，如青饲料中含水量 70%~90%，谷实类 12%~14%，饼粕类 10%，粗饲料 12%~20%，鸡通过采食饲料，可补充体内水分。

② 饮水。为了使鸡保持生长速度和生产性能，提高饲料利用率，必须保证清洁的饮水。一般情况，鸡的饮水量和饲料有关，在饲喂配合饲料情况下，鸡的供水量应为采食干物质量的 2~2.5 倍。

③ 内源水。体内的营养物质代谢过程中形成的水。体内 1 克脂肪、碳水化合物和蛋白质氧化，将分别产生 1.19、0.56 和 0.45 克水。内源水量很小，不能满足鸡对水的需要。

（2）缺水的危害　鸡对水的需要量是持续的，必须充足地供应新鲜饮用水，供应不及时就会影响生产和健康，当鸡体内水分损失 10% 就会造成死亡。肉鸡限制饮水 20%~50%，将严重影响生长和饲料报酬。

（3）影响饮水量的因素　新鲜的饮水是满足鸡对水需要量的重要途径，鸡的饮水量也受诸多因素的影响。

① 环境温度。环境温度是影响鸡需水量的因素之一。当环境温度超过临界温度（14.5~25.5℃）时，鸡开始喘息，从肺部蒸发的水分增多，饮水量显著增加，采食量降低。随着由肺蒸散水分，肾脏排出的水分也增多，产生软粪。这种机制是鸡为维持生命在必要的界限内，为维持正常体温所必需的。气温在 21℃以上，每上升 1℃，饮水量增加 7%，由 21℃增加到 32℃，饮水量增加 1 倍。32℃和 37℃饮水量分别为 21℃时 2 倍和 2.5 倍。

② 生产目的。产蛋率越高的鸡需水量越大。蛋鸡的饮水量比肉

鸡多，它们和耗料量之比分别为 2∶1 和 1.5∶1。

③ 其他因素。鸡对生理盐水极为敏感，厌恶温水。当日粮中食盐、纤维素和蛋白质增高时，饮水量增加。日粮中加酶制剂和微量元素，饮水量增加。

（4）水质　生产实践中，既要注意供给鸡的饮水数量，又不能忽视水的质量。饮水要求新鲜、重金属含量不得超过饮用水标准，无病原菌和农药残留。因为不合格的饮水和不能饮用的水会干扰饲料中营养物质的吸收和抗菌药效的发挥，甚至会影响食欲，引起腹泻，严重时使鸡患病甚至死亡。

11. 肉鸡的饲料中为什么蛋白质水平一定要合适?

蛋白质不能由其他物质代替，是肉鸡必需氨基酸的来源；是鸡羽毛、皮肤、肌肉、骨骼、神经、内脏等形成和生长发育所必需的营养物质；也是体内激素、抗体、酶的主要成分。蛋白质是维持机体生命、修补组织的基础物质。在新陈代谢中，蛋白质可释放能量供机体活动的需要，维持机体恒定的体温和抗病力。肉鸡饲料中必须保证供给所需的蛋白质，才能正常生长发育。饲料中蛋白质的含量过高或过低，对鸡的生长发育都有很大的影响，肉鸡饲料中蛋白质的水平一定要适当。

12. 氨基酸需要如何满足？

肉鸡对蛋白质的需要实质上是对氨基酸的需要，特别是对必需氨基酸的需要，必需氨基酸机体内无法合成。满足必需氨基酸的需要可采取以下措施。

（1）采用多种原料配合日粮　多种原料并用，可起蛋白质的互补作用。多数植物性饲料氨基酸不平衡，两种原料并用，使蛋白质利用率提高。

（2）合理搭配动、植物性蛋白质饲料　动物性蛋白质中氨基酸平衡，蛋白质利用率高，但价格昂贵，所以用量以占总量的 3%~7% 为宜。而植物性蛋白质饲料中氨基酸组成不平衡，但价格较低，一般用量占总量的 25%~30%。动、植物性蛋白质饲料的合理搭配，可降低成本，同时也能满足必需氨基酸的需要。

（3）额外添加合成氨基酸　在日粮配合中，某一种氨基酸含量较少，或经过调整配方后会明显加大成本，可添加合成氨基酸，如蛋氨酸和赖氨酸。

13. 怎样解决日粮中蛋白质的来源？

① 扩大种植蛋白质饲料作物的面积，提高单产水平，增加蛋白质饲料的供应量。如大豆、油菜籽、花生、葵花、棉花。

② 扩大动物性蛋白质饲料来源，充分利用屠宰场、肉品加工厂的下脚料和工业副产品。鱼粉、骨肉粉、血粉、羽毛粉、蚕蛹粉都是良好的动物性蛋白质饲料。

③ 合理利用水产资源，除加大远洋捕捞鱼粉的生产能力外，对近海资源淡水养殖、滩涂养殖充分利用，对其水产品合理加工利用。

④ 多种豆科牧草，如三叶草、苜蓿、草木樨等。也可把紫槐、刺槐、银合欢等叶粉加工利用。

⑤ 工业化生产蛋白质与氨基酸、饲料酵母、石油酵母、小球藻等，合成的单体氨基酸已大批量生产。

⑥ 加紧科学研究，提高蛋白质利用率。

14. 肉鸡所需要的氨基酸主要有哪些?

（1）DL- 蛋氨酸　是有旋光性的化合物，分为 D 型和 L 型。在鸡体内，L 型易被肠壁吸收。D 型要经酶转化成 L 型后才能参与蛋白质的合成，工业合成的产品是 L 型和 D 型混合的外消旋化合物，是白色片状或粉末状晶体，具有微弱的含硫化合物的特殊气味，易溶于水、稀酸和稀碱，微溶于乙醇，不溶于乙醚。其 1% 水溶液的 pH 值为 5.6~6.1。

（2）L- 赖氨酸盐　L- 赖氨酸化学名称是 L-2，6- 二氨基乙酸，白色结晶。由于需要量高，许多饲料原料中含量又较少，故常常是第一或第二限制性必需氨基酸。谷类饲料中赖氨酸含量不高，豆类饲料中虽然含量高，但是作为鸡饲料原料的大豆饼或大豆粕均是加工后的副产品，赖氨酸遇热或长期贮存时会降低活性。在鱼粉等动物性饲料中赖氨酸虽多，但也有类似失活的问题。因而在饲料中可被利用的赖氨酸只有化学分析得到数值的80%左右。在赖氨酸的营养上尚存在与精氨酸之间的拮抗作用。肉用仔鸡的饲料中常添加赖氨酸使之有较高的含量，这易造成精氨酸的利用率降低，故要同时补足精氨酸。

15. 肉鸡容易缺乏的常量元素有哪些?

肉用鸡容易缺乏的常量元素主要有钙、磷、钠、氯。

（1）钙和磷　钙、磷是组成骨骼的重要成分。钙具有维持神经和肌肉组织的正常生理功能、参与正常血液凝固等作用；磷以磷酸根的形式参与多种物质代谢过程，具有贮存能量、传递能量、参与蛋白质合成等作用。

（2）钠和氯　钠和氯是盐的组成成分。维持细胞外液渗透压的稳定和调节酸碱平衡上起重要作用。钠能促进神经和肌肉兴奋；氯是胃液的主要成分。肉用鸡钙磷比例失调会引起腿软症，饲料中应添加适量的骨粉或鱼粉。缺乏食盐，表现为食欲不振采食量下降、生长停滞，并伴有啄羽、啄肛、啄趾等恶癖发生。补充食盐可防止钠、氯缺乏。

16. 各种微量元素对肉用鸡的生长发育有什么作用?

（1）铁和铜　铁、铜有协同作用。共同参与了血红蛋白的形成。铁、铜的缺乏，对雏鸡的成活率有一定的影响。铜可促进肉用鸡的生长，增强机体的免疫功能，铜过量可引起铜中毒。缺铁时易发生贫血。通常以硫酸亚铁、硫酸铜形式添加。

（2）锌　锌具有促进生长、预防皮肤病的作用，是许多酶类、激素、骨、毛、肌肉等的构成成分。锌缺乏，皮肤的发育不良，关节膨大，腿软无力，行走困难，严重的发生死亡。通常以碳酸锌或氧化锌作添加剂 。

（3）钴　钴是维生素B_{12}的成分，维生素B_{12}能促进血红素的形成，并在蛋白质代谢中起重要作用。缺钴，维生素B_{12}合成受阻，机体表现食欲不振，精神差，生长停滞，出现贫血症状。喂钴盐或注射维生素B_{12}可治愈。

（4）硒　硒在机体内主要对酶系统起催化作用，是谷胱甘肽过氧化酶的必需成分，能促进肉用鸡的生长发育。当硒缺乏时，出现渗出性素质病，表现皮下大块水肿和组织出血、贫血、肌肉萎缩、肝脏坏死等。含量过高又会引起中毒。在配合日粮中加硒时一定要拌匀。

（5）锰　锰与肉鸡的生长、繁殖有关，主要是促进钙、磷的吸收和骨骼，以及性细胞的形成。也是一些酶的组成成分。锰缺乏时，新陈代谢机能发生紊乱，骨骼发育受阻，肉鸡常发生滑腱症。一般饲料中均缺乏锰，必须在饲料中添加。

（6）碘　碘是甲状腺的主要成分，对营养物质代谢起调节作用。缺碘时甲状腺机能衰退，蛋白质的合成受阻，肉鸡的生长发育和肌肉的生长缓慢，呈侏儒状。补碘常以碘化钾、碘化食盐形式添加。

17. 肉鸡的日粮中，为什么要控制粗纤维的用量？

鸡的消化道短，不能贮存足够的食物，而且肉鸡的生长速度快，需要的营养物质也高，肉用鸡胃肠道中没有分解、利用粗纤维的微生物，对粗纤维含量高的饲料不易消化，不但影响了肉用鸡的生长速度，也影响了饲养肉鸡的经济效益。因此，在给肉用鸡配合日粮时。粗纤维的含量不得超过5%。另外，肉用鸡日粮中粗纤维的含量也不能过低，过低可能引起消化道生理机能障碍，使肉用鸡的抵抗力下降导致某些疾病的发生。所以要控制肉用鸡日粮中粗纤维的含量。

18. 为什么要在肉用鸡饲料中加入沙砾？

① 鸡没有牙齿，是靠肌胃的收缩，用沙子把饲料磨碎后再吸收利用。

② 肉鸡饲料是高能量、高蛋白饲料，通过肉鸡较短的消化道是不能充分吸收消化。若在饲料中掺一定数量沙砾，增加肌胃对饲料的研磨力，有助于饲料消化吸收，并延长食物在肠道内停留的时间，可提高饲料的吸收利用率。

③ 砾子通过肠道时可增加肠壁的渗透力，使营养物质的吸收率得到提高。

19. 肉鸡日粮中为什么要添加一定量的油脂?

冬季因气温低，鸡的采食旺盛，热能消耗大，为了满足肉用仔鸡快速生长的能量需求，常常在配合饲料中加入少量的植物油或动物油，如豆油、油脚、骨油和动物脂肪。有时把糠麸作油脂、浓缩鱼膏吸着剂，用于肉鸡配合饲料。一般添加量是配合饲料的2%~5%。最好现用现配。

20. 为什么在肉用仔鸡饲料中添加氯化胆碱?

胆碱是卵磷脂和乙酰胆碱的组成成分。前者参与脂肪代谢，能减少脂肪在肝脏中的过度沉积，防止脂肪肝；后者则与神经冲动的传导有关。蛋白质和谷物饲料中含量较为丰富。胆碱缺乏时，可使鸡发生骨短粗病和脂肪肝。氯化胆碱是最常用的胆碱添加剂。

21. 为什么在肉用仔鸡饲料中添加硒制剂?

硒是谷胱甘肽过氧化物酶的组成成分，与维生素E及胱氨酸起协同作用参与加速过氧化物的分解，降低组织中的过氧化物或由此生成的产物的浓度。硒缺乏会引起鸡的渗出性素质病，表现为腹腔积水，肚子大，腹下皮肤呈蓝绿色。一般用亚硒酸钠补硒。

22. 配制肉用仔鸡饲料时应注意哪些问题?

① 因地制宜，从本地实际出发，选择适口性好的、品种多样的饲料。

② 采购原料，要严防饲料中掺假。

③ 把好原料质量关，选择价格低、效果好、新鲜、适口性好、无霉变、无怪味的原料。

④ 限制含有有毒物质的饲料，棉籽饼及粗纤维高的饲料、某些动物性饲料要经处理才可使用。

⑤ 配合饲料时要称重准确，搅拌均匀。

⑥ 饲料的贮藏要做到通风、干燥、保存时间不能过长，防止变质降低营养成分的效价。

23. 如何用试差法设计肉鸡日粮?

一般养殖户可用试差法，四边形法等手算方法计算所需配方。手算配方速度较慢，随着计算机的普及应用，利用计算机进行线性规划，使这一过程大大加快，配方成本更低。这里仅介绍试差法。

试差法，又称凑数法。其优点是可以考虑多种原料和多个营养指标。具体做法是：首先根据经验初步拟出各种饲料原料的大致比例，用各自的比例去乘以原料所含养分的百分含量，再将各种原料的同种养分之积相加，即得到该配方的每种养分的总量。将所得结果与饲养标准比较，若有任一养分超过或不足时，可通过增加或减少相应的原料比例进行调整和重新计算，直至所有的营养指标都基本满足要求为止。调整的顺序为能量、蛋白、磷（有效磷）、钙、蛋氨酸、赖氨酸、食盐等。这种方法简单易学、学会后就可以逐步深入，掌握各种配料技术，因而广为利用。

第一步：找到所需资料。肉鸡饲养标准、中国饲料成分及营养价值表（1997 年修订版，中国饲料数据库）、各种饲料原料的价格。

第二步：查饲养标准。

第三步：根据饲料成分表查出所用各种饲料的养分含量。

第四步：按能量和蛋白质的需求量初拟配方。根据饲养工作实践经验或参考其他配方，初步拟定各种饲料的比例。肉仔鸡饲粮中各类饲料的比例一般为：能量饲料 60%~70%，蛋白质饲料 25%~35%，矿物质饲料等 2%~3%（其中维生素和微量元素预混料一般各为 0.1%~0.5%）。据此，先拟定蛋白质饲料用量，棉仁饼适口性差含有毒物质，日粮中用量要限制，一般定为 5%；鱼粉价格昂贵，可定为 3%，豆粕可拟定 20%；矿物质饲料等按 2%；能量饲料如麸皮为 10%，则玉米 60%。

第五步：调整配方，使能量和粗蛋白质符合饲养标准规定。方法是降低配方中某一饲料的比例，同时增加另一饲料的比例，两者的增减数相同，即用一定比例的某一饲料代替另一种饲料。

第六步：计算矿物质和氨基酸用量。根据上述调整好的配方，计算钙、非植酸磷、蛋氨酸、赖氨酸的含量。对饲粮中能量、粗蛋白质等指标引起变化不大的所缺部分可加在玉米上。

第七步：列出配方及主要营养指标。维生素、微量元素添加剂、食盐及氨基酸计算添加量可不考虑。

24. 如何配制肉鸡各阶段日粮?

（1）育雏前期（0~10 日龄）　育雏前期的主要目的是建立良好的食欲和获得最佳的早期生长。肉鸡 7 日龄的体重目标应为 160 克以上（无论是罗斯 308，还是爱拔益加肉鸡）。

小鸡料（肉鸡前期料）俗称鸡花料，一般使用到 7 日龄。小鸡料只占肉鸡饲料成本的很小部分，因此，在制定饲料配方时主要考虑生产性能和效益（如达到或超过 7 日龄的体重指标），而不注重饲料成本。这对于所有肉鸡的生产程序都非常重要，对生产屠宰体重较小的肉鸡和以生产胸肉为主要目的的肉鸡尤为重要。

雏鸡的消化系统还不健全，因此，鸡料所使用的饲料原料必须消化率较高，另具有以下特点：营养水平高，特别是氨基酸、维生素 E 和锌；通过添加油和核苷酸，刺激雏鸡免疫系统的发育；通过饲料的类型、高钠和香味剂等，来刺激雏鸡的采食量。

在以小麦为主要原料的饲料中，使用玉米非常有益，饲料中的总脂肪含量最好保持较低的水平（小于 5%），避免使用饱和动物脂肪。否则，饱和脂肪含量较高，将限制肉鸡的早期生长。

（2）育肥中期　在小鸡料使用结束后，需要使用 14~18 天的中鸡料（肉鸡中期料）。小鸡料向中鸡料的过渡一定要慎重，除了配方原料结构发生了变化，还有从颗粒破碎到颗粒料类型的变化与过渡。

此阶段需提供高质量的中鸡料，氨基酸水平与能量水平要兼顾，从而获得最佳的生产性能。如果使用任何的生长控制程序，都应在此阶段实施。通过一些管理技术（如使用粉料，光照控制）限制喂料量非常有效。我们一般通过降低日粮的营养成分来限制肉鸡的生长。

（3）育肥后期　大鸡料（肉鸡后期料）在肉鸡总饲料成本中占相当大的比例，因此，在设计大鸡料的饲料配方时主要考虑经济利益。大鸡料可适当加大非常规原料使用，如杂粕等。此阶段的肉鸡生长迅速，要避免脂肪过度沉积，从而影响胸肉率。如果大鸡料的营养水平过低，将增加脂肪沉积和降低胸肉的出肉率。肉鸡在 18 日龄以后，使用一种还是两种大鸡料，主要取决于肉鸡的屠宰体重、饲养期的长短和使用的喂料程序。

小鸡料中小麦安全用量是不使用或在 4~7 日龄使用 5%，中鸡料逐渐增加到 10%，大鸡料逐渐增加到 15%。使用全小麦配方时，如果全价饲料的成分不做调整，饲料的营养水平较低，将会降低肉鸡的生产速度和饲料转化率，减少出肉率，形成更多的脂肪。使用小麦酶，有助于解决饲料利用率低的问题。

25. 如何选择合适的饲料?

随着饲料工业的发展，肉鸡的营养需求已不再是养殖场或养殖户考虑的范围，肉鸡的营养需求已成为饲料生产厂家的核心工作。所以作为养殖场或养殖业主，只要把精力放在饲料品质和饲料厂家的选择上就可以了。

好饲料就是营养均衡、有质量保证、能够满足不同季节、不同生长阶段肉鸡对营养的不同需求。由于近年来饲料行业竞争加剧、饲料原料价格上涨、加上气候对玉米、大豆产量的影响，个别饲料质量出现不稳。所以作为规模化养殖场在饲料采购和存放上应注意以下几点。

（1）饲料厂家选择　在选择饲料厂家时，不要被饲料价格和返还所左右，无论是购买配合料、浓缩料，还是预混料，都要把注意力关注在饲料厂的资质上，重视饲料厂家的规模和信誉。正规饲料生产企业要具备有效的饲料生产企业审查合格证或生产许可证；饲料标签上要标明“本产品符合饲料卫生标准”字样，还应明示饲料名称、饲料成分分析保证值、原料组成、产品标准编号（国标或企标）、加入药物或添加剂的名称使用说明、净含量、生产日期、保质期、审查合格证或生产许可证的编号及质量认证（ISO9001、HACCP 或 ISO22000、产品认证）等 12 项信息。

例如现有两个品牌的饲料，A 饲料的转化率是 1.8，B 是 1.9，那么一只喂 A 饲料的 2.5 千克的成鸡总采食量为 4.5 千克饲料，喂 B 饲料的 2.5 千克的成鸡就需要 4.75 千克饲料，显然喂 B 饲料的成鸡比喂A饲料高出0.25千克饲料，按照目前的饲料价格来核算，喂B饲料的每一只鸡的饲料成本于喂A饲料的相比就要增加0.8~1元，那么每只鸡的效益就会降低0.8~1元钱，一吨饲料可供250只肉鸡生长的需要，250只鸡就会增加200元的饲料成本，也就是说一吨饲料的价格要增加200~250元，从价格上看似便宜的饲料，如果料肉比高，其价格反而会更贵；所以更多的是关注饲料的品质，把注意力放在综合效益上。

（2）饲料种类及选择　饲料的种类有不同的分法。

① 按营养成分分类。可分为全价配合饲料、浓缩料、添加剂预混料和混合饲料。

全价配合饲料：又称全价饲料，它是采用科学配方和通过合理加工而得到营养全面的复合饲料，能满足鸡的各种营养需要，经济效益高，是理想的配合饲料。全价配合饲料可由各种饲料原料加上预混料配制而成，也可由浓缩饲料稀释而成。全价配合饲料在鸡用得最多。

浓缩饲料：又叫平衡用混合饲料和蛋白质补充饲料。由蛋白质饲料、矿物质饲料与添加剂预混料按规定要求混合而成。不能直接用于喂鸡。一般含蛋白质30%以上，与能量饲料的配合比应按生产厂的说明进行稀释，通常占全价配合饲料的20%~30%。

添加剂预混料：由各种营养性和非营养性添加剂加载体混合而成，是一种饲料半成品。可供生产浓缩饲料和全价饲料使用，其添加量为全价饲料的0.5%~5%。

混合饲料：又叫初级配合饲料或基础日粮。由能量饲料、蛋白质饲料、矿物质饲料按一定比例组合而成，它基本上能满足鸡的营养需要，但营养不够全面，只适合农村散养户搭配一定青绿饲料饲喂。

② 按肉鸡的生理阶段分类。肉鸡按周龄分为三种或两种，前期料、中期料和后期料等。

③ 按饲料物理形状分类。鸡的饲料按形状可分粉料、粒料、颗粒料和碎裂料，这些不同形状的饲料各有其优缺点，可酌情选用其中的一种或两种。通常生长后备鸡、蛋鸡、种鸡喂粉料；肉仔鸡2周内喂粉料或碎粒料，3周龄后喂颗粒料；肉种鸡喂碎粒料。

粉料：是将饲料原料磨碎后，按一定比例与其他成分和添加剂混合均匀而成。这种饲料的生产设备及工艺均较简单，品质稳定，饲喂方便安全可靠。鸡可以吃到营养较完善的饲料，由于鸡采食慢，所有的鸡都能均匀采食。适用于各种类型和年龄的鸡。可以加水，调制成湿拌料（手握成团，松手即散）饲喂。但粉料的缺点是易引起挑食，使鸡的营养不平衡，尤其是用链条输送饲料时。喂粉料采食量少，且易飞扬散失，使舍内粉尘较多，造成饲料浪费，在运输中易产生分级现象。粉料的细度应在 1~2.5 毫米。磨得过细，鸡不易下咽，适口性变差。

颗粒料：是粉料通过颗粒压制机压制成的块状饲料，多为圆柱状。颗粒料的直径是中鸡 <4.5 毫米，成鸡 <6 毫米。颗粒饲料的优点是适口性好，鸡采食量多，可避免挑食，保证了饲料的全价性；鸡可全部吃净，不浪费饲料，饲料报酬高，一般可比粉料增重 5%~15%；制造过程中经过加压加温处理，破坏了部分有毒成分，起到了杀虫、灭菌作用，饲料比较卫生，有利于淀粉的糊化，提高了利用率。但颗粒饲料制作成本较高，在加热加压时使一部分维生素和酶失去活性，宜酌情添加。制粒增加了水分，不利于保存。饲喂颗粒料，鸡粪含水量增加，易发生啄癖。还由于鸡采食量大，生长过快，而易发生猝死症、腹水症等。

粒料：粒料主要是未经过磨碎的整粒的谷物，如玉米、稻谷或草籽等。粒料容易饲喂，鸡喜食、消化慢，故较耐饥，适于傍晚饲喂。粒料的最大缺点营养不完善，单独饲喂鸡的生产性能不高，常与配合饲料配合使用。对实施限饲的种鸡常在停料日或傍晚喂给少量粒料。

碎裂料（粗屑料）：碎裂料是颗粒料经过粗磨或特制的碎料机加工而成，其大小介于粉料和粒料之间，具有颗粒料的一切优点和缺点，成本较颗粒料稍高。因制小颗粒料成本高，所以一般先制成直径 6~8 毫米的大颗粒，冷却后将颗粒通过辊式破碎机碾压成片状，再经双层筛，将破裂粒筛分为 2 毫米和 1 毫米的碎料与粉碎料，喂给 1~2 周龄的雏鸡，特别适于作 1 日龄雏鸡的开食饲料。制粒时含水量可达 15%~17%，冷却后可降为 12%~13%。

生产中一般选择方法是：0~2 周龄用粉料饲养，3 周龄至上市用颗粒料饲养。开食、患有某些疾病（如肾型传染性支气管炎等）时，使用粒料或破裂料。

26. 饲料运输与贮存要注意什么?

运输车辆使用前要严格消毒，清除鸡毛、鸡粪等杂物，避免与有毒有害及其他污物混装。运输途中注意防护，避免因雨淋、受潮等引起饲料发霉变质。运输车辆禁止进入生产区，饲料运到养殖场后，先进行熏蒸消毒，再由转送料车转送到生产区内的料塔。成袋饲料整齐码放在干燥的仓库内。

由于饲养规模大，又受饲料涨价、运输、节假日等因素的影响，所以规模化养殖场必须建造好的贮料间。好的贮料间要求干燥、通风好、便于装卸和出入；贮料间和料塔都应具备隔热、防潮功能，每次进料前对残留饲料或者其他杂物进行清扫和整理，用 3 克 / 立方米强力熏蒸粉进行熏蒸消毒 20 分钟；贮存期间做好防雨、防水、防潮、防鸟和防鼠害工作，减少饲料污染和浪费。

27. 霉变饲料为什么不能喂鸡?

（1）饲料霉变的原因　饲料未晒干，含水量过大，保存时间过长；保存过程受潮，特别梅雨季节，外界湿度过大，加上适宜的温度，霉菌生长繁殖快；保存不善，购进或加工好的饲料要保持干燥，经常进行日晒。

（2）霉变饲料不能喂鸡　添加药物添加剂或其他成分时，要现喂现配或少量添加，使饲料保持规定的含水量。长期贮存的饲料应添加防霉剂。霉变饲料喂雏鸡易发生曲霉菌中毒死亡；喂育肥鸡易引起鸡的霉菌性肺炎及其他疾病。一旦饲料发霉，应立即停止喂鸡。

28. 养肉用仔鸡需要几种料？如何更换?

养商品肉鸡通常采用 3 种料：分别是初期料又称开食料或育雏料；中期料又称育成料或中鸡料；后期料又称宰前料或大鸡料。初期料按饲养日、饲养目的不同又分为：低能量初期料，它适合出栏体重 1.8 千克以上鸡只饲喂；普通初期料，它适用于出栏体重 1.8 千克以下鸡只饲喂。这 3 种料型的更换因不同饲养日龄、不同饲养目的而不同，具体实施时还要考虑鸡只体重情况、饲养品种、气候条件等作出相应调整。

29. 如何根据肉鸡饲养量制订耗料计划？

如计划养 1 000 只肉鸡，耗料计划可按下列方法计算。初期料喂到 3 周，每只耗料 876 克，加上损失浪费每只按 900 克计算，应进初期料 1 000 × 900 克 =900 千克。中期料喂到 5 周，每只累计耗料 2 352 克，减去前 3 周 876 克，每只耗中期料为 2 352–876=1 476 克，加上损耗按 1 500 克计算，估计这时成活率为 95%，应进的中期料 1 000 × 1 500 × 95%=1 425 千克，进 1 400 千克便可。后期料计划喂到 7 周，每只耗料 4 563 克，减去前 5 周 2 532 克，每只耗后期料 4 563–2 532=2 211 克加上损耗按 2 250 克计算，估计这时成活率为 93%，应进的后期料为 1 000 × 2 250 × 93%=2 092.5 千克，进 2 100 千克便可。这批鸡的耗料计划为前期料 900 千克，中期料 1 400 千克，后期料 2 100 千克。

第三章　肉鸡的饲养管理

1. 肉雏鸡有哪些生理特点？

（1）雏鸡体温调节机能不完善，既怕冷又怕热　鸡的羽毛有防寒作用并有助于体温调节，而刚出壳的雏鸡体小，全身覆盖的是绒羽且比较稀短，体温比成年鸡低。据研究，幼雏的体温在10日龄以前比成年鸡低3℃左右，10日龄以后到3周龄才逐渐恒定到正常体温。当环境温度较低时，雏鸡的体热散发加快，就会感到冷，导致体温下降和生理机能障碍；反之，若环境温度过高，因鸡没有汗腺，不能通过排汗的方式散热，雏鸡就会感到不适。因此，在育雏时要有较适宜的环境温度，刚开始时需供给较高的温度，第2周起逐渐降温，以后视季节和房舍设备等条件于4~6周龄脱温（即不再人工加温）。

（2）雏鸡生长发育快，短期增重显著　在鸡的一生中，雏鸡阶段生长速度最快。肉用仔鸡2周龄时比初生重增加4倍，8周龄时增加49倍。因此，在供给雏鸡饲料时既要力求营养完善，又要充足供应，才能满足雏鸡快速生长发育的需要。

（3）雏鸡胃肠容积小，消化能力弱　雏鸡卵黄囊重5~7克，内含有供雏鸡生命所需的各种营养物质，雏鸡靠它能存活5~7天。雏鸡开始饮水、采食越早，卵黄吸收越快。雏鸡的消化机能尚不健全，加之胃肠道的容积小，因而在饲养上要精心调制饲料，做到营养丰富，适口性好，易于消化吸收，且不间断供给饮水，以满足雏鸡的生理需要。

（4）雏鸡胆小，对环境变化敏感，合群性强　雏鸡胆小易惊，外界环境稍有变化都会引起应激反应。如育雏舍内的各种声响、噪声和新奇的颜色，或陌生人进入等，都会引发鸡群骚动不安，影响生长，甚至造成相互挤压致死致伤。因此，育雏期间要避免一切干扰，工作人员最好固定不变。

（5）雏鸡抗病力差，且对兽害无自卫能力　雏鸡体小娇嫩，免疫机能还未发育健全，易受多种疫病的侵袭，如新城疫、马立克氏病、白痢病、球虫病等。同时，雏鸡脐部在 72 小时内是暴露在外部的伤口，72 小时后会自己愈合并结痂脱落。因此，在育雏时要严格执行消毒和防疫制度，搞好环境卫生。在管理上保证育雏舍通风良好，空气新鲜；经常洗刷用具，保持清洁卫生；及时使用疫苗和药物，预防和控制疾病的发生。同时，还要注意关紧门窗，防止老鼠、黄鼠狼、犬、猫等进入育雏舍而伤害雏鸡。

（6）雏鸡是比较适合运输的动物　因在出雏的 2 天内，雏鸡仍处于后发育状态。

2. 为什么要强调进雏前就应做好各项育雏准备工作?

虽然育雏期（快大型肉鸡一般指 0~7 日龄）时间短暂，只占到肉鸡生产阶段（快大型 42 日龄）的 1/6，但雏鸡阶段是肉鸡一生最重要的阶段。这段时间出现的任何失误，都不能在今后的肥育期进行改进和调整，并将严重影响以后的生长速度、成活率、饲料报酬，并直接影响经济效益。因此，好的准备工作始于制定一个完善的育雏工作程序，甚至在雏鸡入舍前就应该制定好。

3. 进雏前怎样进行鸡舍的清洗与消毒?

在清扫的基础上用高压水对空舍天棚、地面、笼具等进行彻底冲洗，做到地面、墙壁、笼具等处无粪块。地面上的污物经水浸泡软化后，用硬刷刷洗后，再冲洗。如果鸡舍排水设施不完善，则应在一开始就用消毒液清洗消毒，同时对被清洗的鸡舍周围喷洒消毒药。

鸡舍可熏蒸消毒。关闭鸡舍门窗和风机，保持密闭完好；按每立方米空间用甲醛 42 毫升，高锰酸钾 21 克，先将水倒入耐腐蚀容器（如陶瓷盘）内，加入高锰酸钾，均匀搅拌，再加入福尔马林，人即离开。密闭熏蒸 24 小时以上，如不急用，可密闭 2 周。消毒结束后，打开鸡舍门窗，通风换气 2 天以上，等甲醛气体完全消散后再使用。

消毒液的喷洒次序应该由上而下，先房顶、天花板，后墙壁、固定设施，最后地面，不能漏掉被遮挡的部位。注意消毒药液要按规定浓度配制。鸡舍角落及物体背面，消毒药液喷洒量至少是每平方米3毫升。消毒后，最好空舍2~3周。

4．怎样铺设垫料，架设或修复网架网床，安装水槽、料槽？

地面平养方式饲养肉鸡时，至少在雏鸡到场一周前在地面上铺设5~7厘米厚的新鲜垫料，以隔离雏鸡和地板，防止雏鸡直接接触地板而造成体温下降。作为鸡舍垫料，应具有良好的吸水性、疏松性，干净卫生，不含霉菌和昆虫（如甲壳虫等），不能混杂有易伤鸡的杂物，如玻璃片、钉子、刀片，铁丝等。

网上育雏时，为防止鸡爪伸入网眼造成损伤，要在网床上铺设育雏垫纸、报纸或干净并已消毒的饲料袋。

雏鸡进舍前1周，搭建或修复好网架，铺设网床（表3-1）。

表3-1　育雏期最少需要的饲养面积或长度（0~4周龄）

饲养面积：垫料平养	11只/米^2
采食位：	
（链式）料槽	5厘米/只
圆形料桶（42厘米）	8~12只/桶
圆形料盘（33厘米）	30只/盘
饮水位：水槽	2.5厘米/只
乳头饮水器	8~10只/个
钟形饮水器	1.25~1.5厘米/只

5．平面育雏为什么要设置育雏围栏（隔栏）？

肉鸡的隔栏饲养法有很多好处，主要如下。

① 一旦鸡群状况不好，便于诊断和分群单独用药，减少用药应激。

② 有利于控制鸡群过大的活动量，促进增重。

③ 便于观察区域性鸡群是否有异常现象，利于淘汰残、弱雏。

④ 当有大的应激出现时（如噪声、喷雾等），可减少由应激所造

成的不必要损失。

⑤ 接种疫苗时，小区域隔栏可防止人为造成鸡雏扎堆、热死、压死等现象发生。

⑥ 做隔栏的原料可用尼龙网或废弃塑料网。高度为 30~50 厘米（与边网同高），每 500~600 只鸡设一个隔栏。

⑦ 有利于提高鸡产品质量。可避免出栏抓鸡时，鸡的大面积扎堆、互相碰撞所造成的鸡肉出血、淤血现象发生。另外，还能避免出栏抓鸡时，鸡过于集中，使网架坍塌压死鸡现象的发生，减少损失。

若使用电热式育雏伞，围栏直径 3~4 米；若使用红外线燃气育雏伞，围栏直径 5~6 米。用硬卡纸板或金属制成的坚固围栏可较好地保护雏鸡不受贼风侵袭，使雏鸡围护在保温伞、饲喂器和饮水器的区域内。

6. 鸡舍怎样预温?

雏鸡入舍前，必须提前预温，把鸡舍温度升高到合适的水平，对雏鸡早期的成活率至关重要。提前预温还有利于排出残余的甲醛气体和潮气。育雏舍地表温度可用红外线测温仪测定。

一般情况，建议冬季育雏时，鸡舍至少提前 3 天（72 小时）预温；而夏季育雏时，鸡舍至少提前一天（24 小时）预温。若同时使用保温伞育雏，则建议至少在雏鸡到场前 24 小时开启保温伞，并使雏鸡到场时，伞下垫料温度 29~31℃。

使用足够的育雏垫纸或直接使用报纸或薄垫料隔离雏鸡与地板，有利于鸡舍地面、墙壁、垫料等在雏鸡到达前有足够的时间吸收热量，也可以保护小鸡的脚，防止脚陷入网格而受伤。

7. 怎样进行饮水的清洁与预温?

保证雏鸡的饮水清洁至关重要。检查饮水加氯系统，确保饮水加氯消毒，开放式饮水系统应保持 3 毫克 / 升水平，封闭式系统在系统末端的饮水器处应达到 1 毫克 / 升水平。因为育雏舍已经预温，温度较高，因此，在雏鸡到达的前一天，将整个水线中已经注满的水更换掉，以便雏鸡到场时，水温可达到 25℃，而且保证新鲜。

8. 怎样挑选 1 日龄雏鸡?

雏鸡在孵化场孵出蛋壳从出雏器转移出来后，就已经历了相当多的操作，如挑拣分级，对出壳后的雏鸡进行个体选择，选留健雏，剔除弱雏和病雏；公母鉴别；有的甚至已经做过免疫接种，如对出壳后的雏鸡接种马立克氏病疫苗。

评价 1 日龄雏鸡的质量，需要检查雏鸡个体，检查的内容见表 3-2。

表 3-2　1 日龄雏鸡的检查内容

雏鸡个体的检查内容	健康雏鸡（A 雏）	弱雏（B 雏）
反射能力	把雏鸡放倒，它可以在 3 秒内站起来	雏鸡疲惫，3 秒后才可能站起来
眼睛	清澈，睁着眼，有光泽	眼睛紧闭，迟钝
肚脐	脐部愈合良好，干净	脐部不平整，有卵黄残留物，脐部愈合不良，羽毛上沾有蛋清
脚	颜色正常，不肿胀	跗关节发红、肿胀，跗关节和脚趾变形
喙	喙部干净鼻孔闭合	喙部发红，鼻孔较脏、变形
卵黄囊	胃柔软，有伸展性	胃部坚硬，皮肤紧绷
绒毛	绒毛干燥有光泽	绒毛湿润且发黏
整齐度	全部雏鸡大小一致	超过 20% 的雏鸡体重高于或低于平均值
体温	40~40.8℃	体温过高：高于 41.1℃，体温过低，低于 38℃，雏鸡到达后 2~3 个小时内体温应为 40℃

检查脐部，看是否有闭合不良的情况，如由卵黄囊未完全吸收，造成脐部无法完全闭合。这些脐部闭合不良的雏鸡发生感染的风险较高，死亡率也高。必须留意接到的雏鸡中脐部闭合不良的比例有多高，及时与孵化场进行沟通。若无堵塞物，脐部随后还可以闭合。

雏鸡肛门上有深灰色水泥样凝块，通常是由于严重的细菌如沙门氏菌感染或是肾脏机能失调造成的。应该立即淘汰这些雏鸡。腹膜炎会影响肠道蠕动，造成尿失禁。一旦干燥，就会形成水泥样包裹，通常在应激时发生。雏鸡肛门上有深灰色铅笔样形状糊肛，还没有太坏的影响。

雏鸡出壳后 1 小时即可运输。一般在雏鸡绒毛干燥可以站立至出壳后 36 小时前为佳，最好不要超过 48 小时，以保证雏鸡按时开食、饮水。挑选好的雏鸡，用专用优质运雏箱盛装，每个箱子中分四个小格，每格放 20~25 只雏鸡。也可用专用塑料筐。

夏季运输尽量避开白天高温时段。运输前要消毒运雏车辆、运雏箱、工具等，并将车厢内温度调至 28℃左右。在运输过程中尽量使雏鸡处于黑暗状态，以减少途中雏鸡活动量，降低因相互挤压等造成的损伤。车辆运行要平稳，尽量避免颠簸、急刹车、急转弯，30 分钟左右开灯观察 1 次雏鸡的表现，出现问题要及时处理。

将运雏箱装入车中，箱间要留有间隙，码放整齐，防止运雏箱滑动。运雏车到场后，应迅速将雏鸡从运雏车内移出。雏鸡盒放到鸡舍后，不能码放，要平摊在地上，同时要随手去掉雏鸡盒盖，并在半小时内将雏鸡从盒内倒出，散布均匀。根据育雏伞育雏规模，将正确数量的雏鸡放入育雏围栏内。空雏鸡盒应搬出鸡舍并销毁。

有的客户在接到雏鸡后要检查质量和数量，一定要先把雏鸡盒卸下车，并摊开放置，再指派专人去查。不能在车内抽查或在鸡舍内全群检查，这样往往会造成热应激而得不偿失。

9. 观察 1 日龄雏鸡行为，怎样判定管理的问题？

行为是一切自然演变的重要表达。每隔数小时就应该检查鸡的行为，不止是在白天，夜间也同样需要行为观察。

观察 1 日龄雏鸡的行为，可以判定管理好坏，并尽快纠正失误。

① 鸡群均匀地分布在鸡舍内各个区域，说明温度和通风设置的操作是正确的。

② 鸡群扎堆在某个区域，行动迟缓，看上去很茫然，说明温度过低。

③ 鸡总是避免通过某个区域，说明那里有贼风。

④ 鸡打开翅膀趴在地上，看上去在喘气并发出唧唧声，说明温度过高或是二氧化碳浓度过高。

10. 什么是低温接雏？

雏鸡经过长时间的路途运输，饥饿、口渴、身体条件较为虚弱。为了使雏鸡能够迅速适应新的环境，恢复正常的生理状态，我们可以在育雏温度的基础上稍微降低温度，使育雏围栏内的温度保持在27~29℃，这样，能够让雏鸡逐步适应新的环境，为以后生长的正常进行打下基础。

雏鸡到达育雏舍后，需要适应新的环境，此时雏鸡分布不均匀，但4~6小时后，雏鸡应该开始在鸡舍内逐渐散开，并开始自由饮水、采食、走动，24小时后在鸡舍内均匀散开。

11. 怎样设置适宜的育雏温度？

雏鸡入舍24小时后，如果仍然扎堆，可能是由于鸡舍内温度太低，若未对垫料和空气温度进行加热，将导致鸡的发育不良和鸡群整齐度差。雏鸡扎堆会使温度过高，雏鸡一到达育雏舍后就应该立即将其散开，同时保持适宜的温度并调暗光照。

（1）*学会看鸡施温*　温度是否合适，不能由饲养员自身的舒适与否来判断，也不能只参照温度计，应该观察雏鸡个体的表现。温度适宜时，雏鸡均匀地散在育雏室内，精神活泼、食欲良好、饮水适度。

温度适宜，鸡群分布均匀，吃料有序，有卧有活动的，卧式也比较舒服；温度偏高，鸡群躲在围栏边缘处，卧式较好，只表示温度略偏高些，鸡群也能适应，这只是表示鸡群想远离热源；若温度再高，鸡群就不再静卧，出现张口呼吸、翅膀下垂的情况。

（2）*不同育雏法的温度管理*

① 温差育雏法。就是采用育雏伞作为育雏区域的热源育雏。前3天，在育雏伞下保持35℃，此时育雏伞边缘有30~31℃，而育雏舍其他区域只需要有25~27℃即可。这样，雏鸡可根据自己的需要，在不同温层下进进出出，有利于刺激其羽毛的生长，将来脱温后雏鸡将很强壮并且很好养。

随着雏鸡的长大，育雏伞边缘的温度应每3~4天降1℃左右，直到3周龄后，基本降到与育雏舍其他区域的温度相同（22~23℃）即

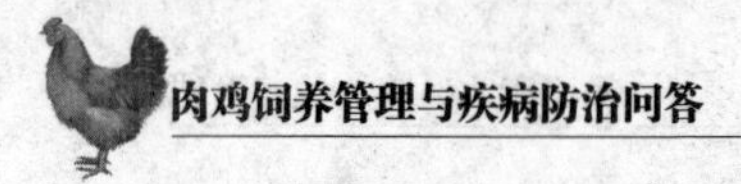

可。此后，可以停止使用育雏伞。

雏鸡的行为和鸣叫声将表明鸡只舒适的程度。如果育雏期内雏鸡过于喧闹，说明鸡只不舒服。最常见的原因是温度不太适宜。

育雏伞下温度是否合适，可通过观察雏鸡的分布情况来判断。

受冷应激时，雏鸡会堆挤在育雏伞下，如育雏伞下温度太低，雏鸡就会堆挤在墙边或鸡舍支柱周围，雏鸡也会乱挤在饲料盘内，肠道和盲肠内物质呈水状和气态，排泄的粪便较稀且出现糊肛现象。育雏前几天，雏鸡因育雏温度不够而受凉，会导致死亡率升高、生长速率降低（体重最低要超过 20%）、均匀度差、应激大、脱水以及较易发生腹水症的后果。

受热应激时，雏鸡会俯卧在地上并伸出头颈张嘴喘气。雏鸡会寻求舍内较凉爽、贼风较大的地方，特别是远离热源沿墙边的地方。雏鸡会拥挤在饮水器周围，使全身湿透。饮水量会增加。嗉囊和肠道会由于过多的水分而膨胀。脱水可导致死亡率高，出现矮小综合征和鸡群均匀度差；饲料消耗量降低，导致生长速率和均匀度差；最严重的情况下，由于心血管衰竭（猝死症）的死亡率较高。

② 整舍取暖育雏法。与温差育雏法（也叫局域加热育雏法）不同的是，整舍取暖育雏法采用锅炉作为热源，在舍内通过暖气片（或热风机）散热供暖；或者采用热风炉作为热源供暖。因此，整舍取暖育雏法也叫中央供暖育雏法。

由于不使用育雏伞，鸡舍内不同区域没有明显的温差，所以利用雏鸡的行为作温度指示有点困难。这样雏鸡的叫声就成了雏鸡不适的仅有指标。只要给予机会，雏鸡愿意集合在温度最适合其需要的地方。在观察雏鸡的行为时要特别小心。雏鸡可能集中在鸡舍内的某个地方，显示出成堆集中的现象，但别以为这就是因为鸡舍内温度过低的缘故，有时候，这也可能是因为鸡舍其他地方太热了。一般，如果雏鸡均匀分散，表明温度理想。

在采用整舍取暖育雏时，前 3 天，在育雏区内，鸡背高度的温度应保持在 29~31℃。温度计（或感应计）应放在离地面 6~8 厘米的位置，这样才能真实反映雏鸡所能感受的真实温度。以后，随着雏鸡的长大，在鸡背高度的温度应每 3~4 天降 1℃左右，直到 3 周龄后，基本降到 21~22℃即可。

以上两种育雏法的育雏温度可参考表 3-3 执行。

表 3-3　不同育雏法育雏温度参考值　（℃）

整舍取暖育雏法		温差育雏法	
日龄	鸡舍温度	育雏伞边缘温度	鸡舍温度
1	29	30	25
3	28	29	24
6	27	28	23
9	26	27	23
12	25	26	23
15	24	25	22
18	23	24	22
21	22	23	22

12. 怎样确保适当的育雏相对湿度？

雏鸡进入育雏舍后，必须保持适当的相对湿度，最少 55%。寒冷季节，当需要额外的加热，假如有必要，可以安装加热喷头，或者在走道泼洒些水，效果较好。在不同的相对湿度下达到标准温度所对应的干球温度可参考表 3-4。

表 3-4　在不同的相对湿度下达到标准温度所对应的干球温度

日龄（天）	目标温度（℃）	相对湿度（%）	不同相对湿度下的理想温度（℃）			
		范围	50%	60%	70%	80%
0	29	65~70	33.0	30.5	28.6	27.0
3	28	65~70	32.0	29.5	27.6	26.0
6	27	65~70	31.0	28.5	26.6	25.0
9	26	65~70	29.7	27.5	25.6	24.0
12	25	60~70	27.2	25.0	23.8	22.5
15	24	60~70	26.2	24.0	22.5	21.0
18	23	60~70	25.0	23.0	21.5	20.0
21	22	60~70	24.0	22.0	20.5	19.0

13. 如何正确通风？

鸡舍内的气候取决于通风、加热和降温的结合。对于通风系统的选择还要适应外部的条件。无论通风系统简单或复杂，首先要能够被人操控。即使是全自动的通风系统，管理人员的眼、耳、鼻、皮肤的感觉也是重要的参照。

自然通风不使用风机促进空气流动。新鲜空气通过开放的进风口进入鸡舍，如可调的进风阀门、卷帘。自然通风是简单、成本低的通风方式。

即使在自然通风效果不错的地区，养殖场主们也越来越多地选择机械通风。虽然硬件投资和运行费用较高，但机械通风可以更好地控制鸡舍内环境，并带来更好的饲养结果。通过负压通风的方式，将空气从进风口拉入鸡舍，再强制抽出鸡舍。机械通风的效果取决于进风口的控制。如果鸡舍侧墙上有开放的漏洞，会影响通风系统的运行效果。

横向通风：风机将新鲜空气从鸡舍的一侧抽入鸡舍，横穿鸡舍后从另一侧排出。通风系统可以设置最小和最大的通风量。

侧窗通风：进风口设置在鸡舍两侧，风机安装在鸡舍一端。这种通风方式适合于常年温度变化不大的地区（如海洋性气候地区），其设备投资和运行费用均较低。

屋顶通风：风机安装在屋顶的通风管道处，进气阀均匀分布在鸡舍两边。该通风方法经常用于较冷天气的少量通风。该系统少量通风时运行较好，大量通风时运行成本较高，因为需要大量的风机和通风管。

纵向通风：风机安装在鸡舍末端，进风口设置在鸡舍前端或前端两侧的一段侧墙上。空气被一端的风机吸入鸡舍，贯通鸡舍后从末端排出。纵向通风可以加大空气流动速度，最大至 3.4 米 / 秒，从而给鸡群带来风冷效应。在通风量要求大的鸡舍，通常采用纵向通风。

复合式通风：纵向通风经常与屋顶通风或侧窗通风等联合使用。屋顶和侧窗通风用于少量通风，当较大量通风时需要把这些阀门关闭且进风口打开。复合式通风将被逐渐广泛应用。

要及时评价通风效果。对于地面平养系统，鸡群在鸡舍中的分布情况就可以说明通风的效果和质量，也可通过其他方法评估通风效果。简单的方法是裸露并沾湿双臂，站到鸡聚集数量较少的区域，感觉是否该区域有贼风，感觉一下垫料是否太凉。观察整个鸡舍中鸡群的分布情况，判断是否与风机、光照和进风口的设置有关系。一旦改变了光照、进风口等设备的设置，数小时后再次观察鸡群分布情况是否有改变。对于改变设置的效果，不要轻易地下否定的结论。同时记录改变设置的内容。

通风量的设定不仅仅依靠温度，还需要考虑鸡舍湿度，以及鸡背高度的风速和空气中的二氧化碳浓度。如果二氧化碳浓度过高，鸡会变得嗜睡。如果您在鸡背高度持续工作超过 5 分钟后有头痛的感觉，那么二氧化碳的浓度至少超过 3 500 毫克 / 米 ^{3}，说明通风量不够。还要注意，不能有贼风。

你是否注意过鸡舍地面的颜色？如果地面是暗黑色，那就是太潮湿，应该立即增加通风量。同时检查这种情况是整个鸡舍都存在还是仅仅发生在某个区域。

自然通风的一个劣势就是，如果没有自然风，鸡舍内就没有通风可言。必要时，可以用附属的风机增加通风量。自然通风的鸡舍，通风可以影响内部气候，太高的空气流速会造成贼风，贼风可能会在鸡舍不同位置突然发生；防风林带和鸡舍外的墙，都会起到减少风的影响的作用。在密闭鸡舍，防风装置可以安装在进风口前适合的位置。

确保在育雏的最初几天关闭进风口和门窗，以防止贼风。如果育雏舍的光照强度弱，且自然光照时间短可以使用舍内光照系统，适时、适当补充光照。

14. 怎样正确给雏鸡“开水”？

雏鸡第一次饮水称“开水”。雏鸡入舍后，要安排足够的人员教雏鸡饮水（将雏鸡的喙浸入水中）。因雏鸡长途运输、脱水、遇到极端温度等，第一天应在饮水中添加 3%~5% 的食糖（如多维葡萄糖），可缓解应激效果。食糖溶液饮用天数不能过多（一般 2~3 天），否则易出现糊肛现象。要保证使 100% 雏鸡喝到第一口水。

鸡舍灯光要明亮，让饮水器里的水或乳头悬挂的水滴反射出光线，吸引雏鸡喝水。无论何时，在提供饲料之前使雏鸡饮水 1~2 小时，减少雏鸡脱水。若使用真空饮水器喂水，则要求每 4~6 小时擦洗一次饮水器。现在，饮水乳头的质量很好，不再需要滴水托盘，滴水托盘容易被污染。

饮水系统的优缺点见表 3–5。

表 3–5　饮水系统的优（+）缺（–）点

钟式饮水器	乳头式饮水器	饮水杯
+ 容易喝到水	+ 封闭系统，水总是新鲜的	+ 容易喝到水
+ 水位和悬挂高度容易调	+ 少量的水会喷出来	+ 容易检查是否堵塞
– 开放系统，水有时不新鲜	+ 有较大的空间可以来回走动	– 投资成本高
– 水会喷出来，把垫料弄湿	– 投资成本高 – 较难控制水量分配	– 污染概率大 – 空间小

抓起一把垫料，如果能看到有垫料飘落到地上，这是一个好的迹象，因为这意味着垫料干燥。然而，因为乳头式饮水器漏水或向外溅水，垫料经常会微湿。如果垫料太干，这说明雏鸡饮水不足。检查饮水量，如果有必要，检查鸡舍的所有饮水乳头的出水量。

不同温度条件下饮水量与喂料量的最低比率可参考表 3–6。

表 3–6　不同温度条件下饮水量与喂料量的最低比率

温度（℃）	水 / 料（毫升 / 克）	增减（%）
15	1.8	–10
21	2.0	*
27	2.7	+33
32	3.3	+67
38	4.0	+100

例：一个存栏 4 000 只鸡的鸡舍，每只鸡每天的采食量为 30 克，

当温度为38℃时，最低供水量为：30克 ×4.0×4 000=480千克（即480升）。

饮水量取决于采食量、饲料组分、鸡舍温度和日龄大小。一般来说，从10日龄开始，鸡的饮水量和饲料的比值应该在1.8~2。每天的饮水量是鸡群健康与否的重要指标，记录每天的饮水量和检查采食量，饮水量的突然增加是一个重要信号。如果饮水量增加，首先检查饮水系统是否漏水，然后检查水压、鸡舍内温度和饲料中的盐含量。如果排除上述原因，则需要检查鸡的健康状况（疾病、免疫接种的反应），同时检查这些变化是否与饲料供应及饲喂阶段的变化一致。如果鸡饮水太少，首先检查饮水系统是否正常工作，水压一定不要太低，否则水会漏出来。也不需要把水线里边的水压调得太高，因为这样鸡不得不用力去推乳头饮水器，从而导致饮水量下降。饮水太少的鸡，看上去昏昏欲睡，检查有昏睡鸡的所有区域的乳头饮水器，看它们是否正常工作。当饮水系统工作正常时，检查水的质量和饮水乳头的高度。

如果乳头式饮水器的出水量太少，鸡的饮水量就少。定期检查水压和乳头式饮水器的出水量。可以放一个容器到一个乳头式饮水器下持续1分钟，通过测定容器中的水量，来测定水流速度。这个工作需要在不同的水线重复进行。一个惯用的简单方法是：水流速度＝鸡的日龄+20（毫升／分钟）。例如，35日龄+20=55毫升／分钟。太多的水将导致溢出和垫料潮湿，会减低鸡的质量和造成脚垫损伤。对饮水进行实验室检测，全面检查水线是否被污染。

鸡最舒服的饮水姿势是身体站立，抬头，使水正好流进喉咙。可以通过调整饮水乳头的高度来控制。对于1周龄雏鸡，喙和饮水乳头的最佳角度是35°~45°，大于1周龄的雏鸡，喙和饮水乳头的最佳角度是75°~85°。

大型肉鸡场，当肉鸡进入鸡舍后，去掉喷雾器的喷头，向乳头式饮水器的接水杯中加水，确保水杯中不断水，是一种好的做法。饮水的质量标准见表3-7。

表 3-7　饮水的质量标准

混合物	最大可接受水平	备注
总细菌量	100/ 毫升	最好为 0/ 毫升
大肠杆菌	50/ 毫升	最好为 0/ 毫升。超标会使肠道功能失调
硝酸盐（可以转变为亚硝酸盐）	25 毫克 / 升	3~20 毫克 / 升的水平有可能影响生产性能，如出现呼吸道问题等
亚硝酸盐	4 毫克 / 升	——
pH 值	6.8~7.5	pH 值最好不要低于 6，低于 6.3 就会影响生产性能
总硬度	180	低于 60 表明水质过软；高于 180 表明水质过硬
氯	250 毫克 / 升	如果钠离子高于 50 毫克 / 升，氯离子低于 14 毫克 / 升就会有害，如采食量下降
铜	0.06 毫克 / 升	含量高会产生苦的味道
铁	0.3 毫克 / 升	含量高会产生恶臭味道，肠道功能失调
铅	0.02 毫克 / 升	含量高具有毒性
镁	125 毫克 / 升	含量高具有轻泻作用，如果硫水平高，镁含量高于 50 毫克 / 升则会影响生产性能
钠	50 毫克 / 升	如硫或氯水平高，钠高于 50 毫克 / 升会影响生产性能
硫	250 毫克 / 升	含量高具有轻泻作用，如果镁或氯水平高，硫含量高于 50 毫克 / 升则会影响生产性能
锌	1.50 毫克 / 升	高含量具有毒性

鸡的饮用水，人尝起来也应该是爽口的，应不含有任何的危险物质或者杂质。抗生素等添加剂会在鸡肉中残留，从而造成食品安全问题。水是药物和疫苗的良好溶剂，当通过饮水接种疫苗时，确保水干净、清凉，水管畅通。因此，事先需要清洗水管，饮水接种疫苗完成之后再彻底清洗水线以防残留。在饮水中添加抗生素或药物，水的味道变苦，因此，鸡的饮水量会减少。清洗水管，并防止真菌生长繁殖。如果怀疑饮水被污染，则应检测。在水管的起始端和末端检查水的质量和温度，通常会发现水管末端的水质不是很好。

如果温度升高超过 30℃，每天的饮水量就会增多，因为鸡要通过呼吸蒸发大量的水，从而降低因高温引起的热应激。同时，饮水量也取决于相对湿度、鸡的健康状况、采食量等。但是，热应激时需要增加50%的饮水量。因此，在高温环境中应确保提供足够的清凉饮水。

⊙确保供水系统（水塔、架起的水桶）在阴凉处，且能较好的隔热

⊙确保水管不被暴晒

⊙让水线末端的水流缓慢

⊙如果温度太高，可以放部分冰块到水箱里

15. 雏鸡应如何开食？

雏鸡充分饮水1~2小时后，要及时给料。开口饲料可选择合适的颗粒破碎料，加湿成湿拌料（手握成团，松手即散的状态），不但利于开口，帮助消化，增加适口性，还有利于饲料全价性摄入，杜绝雏鸡挑食。第一次可多添一些，方便小鸡能很快吃到料，以后则应少添勤添（每天5~6次），这样做可刺激雏鸡的食欲。

将事先拌好的湿拌料均匀撒在铺好的饲料袋或铺好的报纸上，最好撒向雏鸡多的地方，诱导雏鸡啄食，建立食欲。以能使雏鸡抬头能喝水，低头能吃料即可。

可以直接把破碎颗粒料撒在铺网上的报纸、牛皮纸或编织袋上，便于雏鸡采食。养殖实践发现，网上平养垫纸法可增加采食面积，雏鸡只要在铺设的报纸上活动，随时随地都可采食到颗粒饲料，不再需要“漫无目的”寻找食物，也不必拥挤在料桶或开食盘（雏鸡刨料玩耍浪费饲料严重，且易受粪便污染）处争抢采食，增加采食饲料的机会，缩短用于寻找食物和“抢槽”的时间。

每次添料时，应及时清理料盘里的旧料，并定期清洁料盘。尽量保证每圈每天的喂料量基本相同。开食6小时左右，即可将栏内的开食盘翻开并在内撒料，以后逐步将开食盘全部加入栏内，并不再向编织袋上撒料。10个小时左右，将雏鸡的采食全部过渡到开食盘，并慢慢取走料袋。

依据管理人员测定情况，安排工人细致检查，将未饮水、没吃料的弱鸡、小鸡挑出来放在残栏中单独饲养。

注意残栏的特殊照顾，并且由于鸡群的群居性，不要将单个、少量的弱鸡单独饲养，避免其孤独，精神不振，记着它们是弱势群体，

要特别关注。对于弱鸡，更加细致的管理无疑非常重要，足够的饲料和饮水可以帮助弱鸡渡过难关。雏鸡入舍前，必须把鸡舍温度升高到合适的水平，并使用育雏垫纸或薄垫料隔离雏鸡与地板，防止雏鸡直接接触地板而造成体温下降。1 日龄雏鸡没有自身调节体温的能力，如果不能采食足够的饲料，会造成体温下降，甚至死亡。对挑选出来的不吃料和没饮上水的雏鸡，“开小灶”单独饲养。

如果鸡群分布均匀，开水、开食正常，可以每小时“驱赶”鸡群一次，让其自由活动，增强食欲。如果鸡群扎堆，则需随时赶鸡，保证鸡群不出现扎堆现象。

开食良好的标志是：在入舍 8 小时后有 80% 的雏鸡嗉囊内有水和料，入舍 24 小时后有 95% 以上的雏鸡嗉囊丰满合适，否则以后很难生长得较理想。检查嗉囊时，如果手感过硬像“小石子”，表明雏鸡采食后饮水量少；如果手感过软像“水泡”，表明饮水量过大，而没有采食饲料；饮水量或采食量适宜时，嗉囊手感微软、有硬物。

16. 怎样识别和挑选病弱雏鸡？

死淘率高造成的鸡群损失往往发生在育雏的前 7 天。如果种鸡或孵化期间出现问题，雏鸡的死淘率会上升。对于此间出现的弱鸡，给予更加细致周到的管理无疑至关重要，合理的治疗、足够的饲料和饮水可以帮助病、弱鸡渡过难关。

常见的弱鸡是指发育不良，歪脖、伸脖或仰头、瘸腿、扎堆的鸡。主要原因见表 3-8。

表 3-8　弱鸡的表现与发生的原因

弱鸡的表现	发生的常见原因
发育不良	觅食和觅水的能力差，不易找到料槽和水槽，或是放置育雏纸上的饲料消耗太快而又没能及时补充。这在饲养周期内无法补救
歪脖、扭脖、伸脖和仰头	脑部炎症，可能是由于沙门氏菌感染，或是感染了链球菌、肠球菌、霉菌等。这多与孵化场内感染有关。伸脖多是感染了呼吸道病

（续表）

弱鸡的表现	发生的常见原因
瘸腿	细菌性感染，如感染沙门氏菌、链球菌、肠球菌、大肠杆菌等。这个阶段的细菌感染往往是与种蛋质量和孵化场的条件有关。之后，就根据瘸腿问题的严重性来决定养护的质量
扎堆	鸡群感觉太冷

17. 生长育肥期肉鸡常规管理措施有哪些？

（1）科学调整喂料　生长期的鸡已能适应外界环境的变化。这个阶段的重点在于促进骨骼和内脏生长发育，所以需要及时增加喂料量，调整饲料配方。换料时要循序渐进，逐渐更换，以免消化系统不适应饲料营养成分的突然变化，带来不必要的损失。

鸡有挑食的习惯，容易把饲料撒到槽外，所以每次投料不可超过料槽高度的 1/3。应根据鸡的生长阶段，及时更换足够大、添加足够多的喂料工具，而且分布均匀，以免影响采食，导致均匀度降低，影响鸡群的整齐上市。

育肥期饲养管理的要点是促进肌肉更多地附着于骨骼及体内脂肪的沉积，增加鸡的肥度，改善肉质、皮肤和羽毛的光泽。因此，调整饲料配方要以增加能量水平为重点，蛋白含量可以适当降低。此时期要特别注意按照用药规范，防止药物残留；同时可以在日粮中少量添加安全无公害、富含叶黄素的饲料或饲料添加剂（着色剂）。尽量使鸡的运动降到最低限度，以提高饲料转化率；出栏、抓鸡前 6~12 小时停止喂料，正常提供饮水。

（2）供给充足饮水　新鲜清洁的饮水对鸡正常生长尤为重要，每采食 1 千克饲料要饮水 2 千克左右，气温越高饮水越多。为使所有的鸡都能得到充足的饮水，自动饮水的鸡场要保证饮水器内不断水，使用其他饮水器的要保证有足够的饮水器且分布要均匀。饮水器的高度要适时调整，防止饮水外溢，造成鸡舍内潮湿。

（3）合理分群

① 公母分群。由于公母鸡的生理基础不同，所以生长速度、脂肪沉积能力不同，对生活环境和日粮营养水平的需求也有一定差别，因此分群饲养，可以有效地提高饲料利用率，降低生产成本，提高经济效益。这在优质肉鸡生产中尤为重要，快大型白羽肉鸡生长期短，一般公母混养。

② 大小、强弱分群。在快大型白羽肉鸡饲养过程中，因为个体差异、环境影响或饲养管理不当，可能会出现弱鸡，要及时进行大小、强弱分群，挑出病、弱、残、次的鸡，根据情况分别对待，以提高鸡群均匀度。个别残次个体应及时挑出予以淘汰，这样既可节约饲料，又可避免对其他个体的影响。

18. 笼养快大型肉鸡的一般管理措施有哪些？

立体养殖肉鸡多采用整体育雏，当雏鸡密度过大时要适时分群，确保雏鸡体重均匀。第一次分群一般 12~16 日龄，分群过早，由于体型太小，容易在育成笼缝隙中钻出，还会造成空间浪费，从而浪费能源。第二次分群，在 25~28 日龄，分群时采取“留弱不留强”的原则，体重大的健雏放在下层，弱雏留下。夏季由于温度高可适当提前分笼，冬季由于鸡笼上下层温差大，可适当推迟分笼时间，并且下层笼中多放一只，以减少上下层的温差。

（1）分群前的准备工作及转群

① 检查电脑显示和温度探头显示是否准确。检查按时间设定和按温度设定的风机运行是否正常，特别是温度探头要检查是否有粉尘包围，要擦拭干净，以后每隔 3 天检查一次。进鸡前要用标准温度计校正温度显示的误差并标示在电脑上。

② 笼养鸡舍通风设定一般不设时控，而采用温度控制。一般 24~26 日龄应设在 24~25 ℃。以后每 3 天下降 0.5 ℃，如 27 日龄 24℃开 23.5℃关，30 日龄 23.5℃开 23℃关，33 日龄 23℃开 22.5℃关，36 日龄 22.5℃开 22℃关，39 日龄 22℃开 21.5℃关，以后 39 日龄至出栏基本保持不变。

③ 检查笼门，要保证笼门不能有开焊或断掉一面腿的现象，笼

门两腿要紧紧夹在笼门两边的铁条上，呈包围状、合拢，如未合拢，要立即用铁钳使其合拢，以防鸡只撞开笼门。

④ 检查水线是否平整，挂钩应长头向下顶在前顶网下部的横条上，32 日龄后，短头朝上挂在前顶网上端的横条上，以保持水线平整，如果发现个别地方不平整，则肯定是这一部位缺少挂钩，应立即加上。水管充水后，每一个乳头都要检查，以防止乳头堵塞，在饲养过程中要保持每天检查一排整架的乳头，每 4 天检查一遍。水管接头和乳头有漏水时，将食槽内积水清除干净，换上干料，以防止因发霉变质使鸡只中毒死亡。

⑤ 检查风机皮带松紧度，风机是否有杂音，如果进鸡后几天内用横向通风，则将纵风机用塑料布密封，以防止下端温度过低，造成冷应激。

⑥ 检查清粪机工作是否正常，拉绳松紧度及转角的性能，清粪道下端挡板是否缺损。

⑦ 检查上料系统和喂料系统，检查喂料机、清粪机的停机接触器是否牢固有效。

⑧ 开始分群前，食槽内先上 1/3 的饲料，并将料车装满料后停在鸡舍下端。

⑨ 抓鸡时严禁抓腿、翅，应双手从笼里拖鸡，人员严禁脚踩鸡笼，严禁拉鸡车碰坏食槽。

⑩ 笼内装满鸡后，及时关好笼门，扶平并固定好水线，调整好水线乳头（乳头应 30° 角倾斜向笼门中间，适合鸡饮水）。

⑪ 分群后，要及时清点鸡数，除每笼 6~8 只鸡外，还配备 3% 左右的鸡以备死淘，要准确掌握多余鸡只的放置规律，如发现未满笼要及时补充。

⑫ 分群后 3 天内，要及时将跑出笼门的鸡只抓回，每次清粪都要先查看粪道内有无跑出的鸡只，如有则必须到舍外粪场中将鸡只抓回，不得因刮粪压死鸡只。

⑬ 分群后几天，温度要适当调高，春末、夏天、秋初温度要设定在 24℃以上，早春、晚秋、冬天可采用自然通风，进风口要小，能达到呼吸所需要的空气，在鸡舍中感觉不闷即可，温度可保持在

20℃左右即可。

（2）温度、通风、负压

① 由于笼养鸡舍基本没有氨气产生，所以通风的作用主要有两个，一是确保鸡群所需要的氧气，二是为了降温，温度探头如果只有一支，应挂在鸡舍中间；如果有两支，应分别挂在鸡舍上端 1/3 和下端 1/3 处，都应挂在上层笼与鸡背同高处。

② 温度控制并非一成不变，要随着季节的变化而变换，正确的方法是看鸡施温，晚春、早秋和夏天，温度要设定在 24.5~25.5℃，因为一方面可以减少白天和夜晚的温差，减少对鸡的应激，另一方面 24~27℃是饲料报酬最好的温度。晚秋和冬天温控可设定在 22℃以上，以自然通风为主，鸡舍内应该有 3 支温度计，分别放置于鸡舍上端 1/3 处、中间及下端 1/3 处，高度应挂在上层笼与鸡背同高。

③ 晚春、早秋、夏天应以纵向通风为主，28 日龄前应采用横向通风，如温度高于 30℃可采用纵向通风辅助降温。风机的第一挡位设定是满足鸡的正常呼吸需要和确保基本温度的需要。一般夜间温度 10℃以上（4 月 20 号左右），30 日龄以后起步风机应设定两个纵风机，第二挡位至以后挡位是达到降温或以防出现意外的需要，因此第一挡位和第二挡位温差至少要有 2℃，以后挡位温差有 1℃即可，如第一挡位 24.5℃开，24℃关，则第二挡位应在 26.5℃开 26℃关，第三挡位 27.5℃开 27℃关。晚春早秋如遇阴雨低压天气，温控设定可适当降低 0.5~1℃，以适当增加通风量，并适当关闭进风口至 12 厘米。

④ 早春、晚秋及冬天应以自然通风为主，横向通风做为辅助。保温为主，通风为辅。进风口的设定以 3~5 厘米为宜，风机起步以两个横向风机在 22℃以上为宜。

⑤ 要在合理进风的范围内尽可能降低舍内负压，进风口的面积要至少是开启风机面的 2~3 倍。舍内负压过高，不但达不到降温的目的，反而易造成空气稀薄，使舍内更加闷热，导致鸡抵抗力下降。

⑥ 进风部位的设置要求不能使风直接扑在鸡身上，特别是两个风机开启时，舍外温度不是太高，更应注意。

⑦ 30 日龄内风机设定以不超过 2 个为宜（纵风机），30~35 日龄

以不超过 3 个为宜。如遇高温季节，需要请示总经理及时批准。

⑧ 当上午温度逐渐升高，风机逐步启动和下午温度逐步降低，风机逐步减少时，要严格按以下方式开、闭进风口。

如果一挡设定的温度为 24.5℃开 24℃关，则当温度达到 25.5℃时，要开启第二挡风机所需的进风口。

当二挡设定的温度为 26.5℃开 26℃关，舍内温度升至 26℃时，要开启三挡风机所需要的进风口，以此类推。

当温度逐步下降至风机设定关停的温度下 0.5℃时，要将风口减至现开启风机所确定的位置，如设定三纵风机为 27.5℃开 27℃关，当温度降至 27℃时，三纵停止工作，但此时温度还有可能升高至 27.5℃，三纵还会重新启动。因此只有在三纵绝对停止工作后温度继续下降至 26.5℃才能将风口减小。

⑨ 由于笼养鸡舍靠风速达不到降温的目的，特别是夏天应以湿帘降温为主要手段。但 30~35 日龄内必须慎用湿帘降温，最多可开启一半湿帘。如温度过高，可通过自动喷雾系统喷雾降温。

⑩ 35 日龄后，允许使用湿帘降温。但使用中也必须慎重，一般当舍温达 26℃时首先要打开一半湿帘，风机最多四纵，待温度重新反弹至 26℃时方可开启全湿帘，当温度再次反弹至 27℃时可关闭操作间门。

19. 平养肉鸡的一般管理有哪些?

（1）饮水管理　水是肉鸡必不可少的营养物质之一，充足而符合卫生标准的饮水供应是肉鸡饲养成功的重要因素之一。

① 水质要求。要求使用深井水或自来水，必须保证不被大肠杆菌和其他病原微生物所污染。供肉鸡饮用的水源应经化验合格后方可使用。水质不可太硬，含氟高的不能用。

② 控制方法。保证饮水的干净卫生，每 3 天用含氯消毒剂处理一次水线，确保水质合格；保证有充足的饮水，确保每个水线乳头流水顺畅。

（2）采食管理

① 22 日龄至出栏，每天 2~3 小时上一次料。

② 采用自由采食，勤赶鸡，使其多采食，提高增重速度。

③ 每次打完料后，进入鸡舍检查料位器有无打过料或无料，每次打料前，要清理料位器下余料，以延长打料时间，促进鸡只采食。

④ 过渡性换料。实施缓慢过渡换料。

⑤ 随着鸡日龄的增加不断提升料线。保持料盘筐弯曲部与鸡背相平。

⑥ 每天打料的时间要基本固定，5∶30 打第一次料，以后每 2 小时一次，以适应鸡的生长规律。

⑦ 抓鸡前 4~6 小时停料，提升料线，抓鸡前 0.5 小时停止饮水，提升水线。夏季高温季节要保证饮水，抓鸡时现提升水线即可。

20. 怎样扩群？

为便于保温和管理，育雏间往往较小，随着鸡体增长，所需面积加大，所需的料位、水位也逐渐增加，如不及时扩群，就会影响鸡只采食、饮水和运动，影响增重速度，引起很多疾病，降低成活率。密度过大还容易造成缺氧和氨中毒等疾患，因此，必须适时扩群。

（1）扩群前准备工作

① 扩群当天和前后各一天，给鸡饮用抗应激药，如：速补、多维等。

② 扩群要选择天气暖和、无大风的中午。

③ 对即将扩群部分，要求如下：将所需要扩充的鸡舍部分用隔帘布密封起来，与地面接触处用砖压好，上下端用铁丝缝好，以防跑鸡，进风口关闭；扩群前 4 小时将扩群间内的稻壳铺得均匀平整，球虫苗免疫的舍将育雏间部分旧稻壳均匀撒在扩群间的垫料上，以利于球虫苗免疫成功；整理水料线，包括水线平直，高低合适，饮水充足，料线平直，高低合适，料位器安装合理，料盘有充足的料。检查好自动喷雾设备；扯好暖风带或将煤油炉移到适当位置，将温度加温至所要求温度；消毒顶棚、侧墙、设备、稻壳等；把节能灯安装齐全，并确保每个灯都能正常工作。

（2）扩群过程　扩群间温度合适后，将第一道隔帘布拆掉，拿到下三间再隔上，将隔栏拆开，让鸡自由散布开。

（3）扩群后工作　扩群后 1~2 天，鸡群分布均匀后，将关闭的风口打开；根据鸡群的分布及采食情况，必要时再隔上隔栏。

21. 平养肉鸡怎样正确管理垫料？

（1）对垫料总体要求是保持垫料松软、干燥

① 第一周垫料比较松软、干燥，不必翻垫料，但增加舍内湿度时，不能直接往垫料上洒水。局部垫料过湿要勤翻，结块的垫料要及时清理出舍。

② 从 8 日龄起至出栏前 5 天，发现垫料潮湿要及时添铺垫料。在寒流与阴雨天到来之前要重点添铺。

③ 平时要多观察，防止门窗及房顶漏雨，特别要防止水线漏水，调整好水线和水位的高度。水线下的湿垫料要及时更换或添铺。

④ 每次添铺后要及时拣出垫料中的杂物，特别是比较小的丝线，雏鸡容易误食，缠住舌根造成窒息死亡，或缠住腿部造成腿部损伤。

（2）铺稻壳要求

① 进鸡前铺稻壳，搬运稻壳防止碰撞损坏设备，稻壳厚度要求冬季 3~4 厘米，夏季 2~3 厘米。

② 铺稻壳时厚度要求一致，不许墙两边厚，中间露地面，不许稻壳内有纸片、布带和绳头等杂物。

③ 往鸡舍添铺稻壳时，按以下程序进行。添铺稻壳时，提前 4 小时给鸡饮用抗应激药物，如液体多维等。往舍内搬运稻壳选择中午晴天无大风情况下；将风机关闭后，打开侧门将稻壳搬入；侧门打开时间不得超过 10 分钟；稻壳搬入后，再次将侧门密封，风机还原；从鸡舍的一侧开始往垫料上铺稻壳，并将同侧灯关闭；添铺稻壳厚度根据舍内垫料潮湿程度。一般为 0.5~1 厘米，不超过 1 厘米；铺稻壳时，动作要轻，避免鸡群惊吓和损坏舍内设备；铺完一侧稻壳后，将同侧灯打开，同时，将另一侧灯关闭，接着铺另一侧；稻壳添铺完后，检查有无在稻壳上留下杂物，并检查水、料线的完好、清洁及高度；铺完稻壳，用自动喷雾设施进行一次彻底消毒，以净化舍内空气。

22. 优质肉鸡生态放养的关键点是什么？

遵循鸡与自然和谐发展的原则，利用鸡的生活习性，在草地、草山草坡、果园、竹园、茶园、河堤、荒滩上进行生态放养。目前的方式多为前期舍饲，后期放归的自然加补饲的方式。

（1）建好鸡舍　不管选择山地、果园、林地等哪种放养地点，都要在地势较高的地方为鸡群搭建适合的棚舍，供鸡躲避风雨、防止兽害及晚上休息用。规划建设鸡舍时，要考虑所在地的气象、地质条件，避免大风、洪水等自然灾害可能造成的危害。鸡舍外开好排水沟利于排水，鸡舍高度一般设置为 2~2.5 米，鸡舍内可用木条等制作栖架，以适应鸡喜欢登高栖息的生活习性，提高饲养密度，还可减少肉鸡与鸡粪的接触。放养场地四周可以设置篱笆，也可以选择尼龙网、镀塑铁丝网或竹围，高度 2.5 米以上，防止鸡飞走。

在放牧场地里，人工搭建一些简单棚架，充当鸡的临时避难所，可以让鸡在感到恐惧时在这里躲避。

（2）规划好放牧场地　放养密度、放养数量根据自己的实际条件确定。如果放养场地植被较好，且具备轮牧条件，以放牧为主、补饲为辅时，密度不宜太大，每个放养群体在 1 000 只左右为宜。如果人工采集优质牧草等天然饲料资源饲喂，或者以饲喂为主，补饲为辅，则可以大群饲养，甚至可以在 5 000 只以上，放牧场地则不宜过大，否则饲料转化率降低，饲养管理成本等增加。为了提高放养效率，进雏可以选择在 2—6 月，放养期 3~4 个月，这段时间刚好牧草生长旺盛，昆虫饲料丰富，可以充分利用。

（3）把握好日常管理要点

① 信号训练。从育雏期开始，每次喂料时给鸡群相同的信号（如吹哨、敲打料盆等），使其形成条件反射。放养后通过该信号指挥鸡群回舍、饲喂、饮水等活动。坚持放养定人，喂料、饮水定时、定点，逐渐调教，形成白天野外采食，晚上返回鸡舍补饲、饮水、休息的习惯。

② 放牧时机的选择。根据气候和植被情况，一般雏鸡饲养到 30

天左右，体重在0.3~0.4千克时开始放牧饲养。为了使鸡群适应放牧饲养环境，放养前应逐渐停止人工供温，使鸡群适应外界气温。开始放牧时以每天2~3小时为宜，以后时间逐渐延长，放牧场地也要由小到大，循序渐进。

③ 饲料的过渡。放牧前10天，逐渐在饲料中掺入一些细碎、鲜嫩的青绿饲料，以后可以逐步采用每日在鸡舍外附近地面撒一些配合饲料和青绿饲料，诱导雏鸡地面觅食，以适应以后的放养生活。放牧前1周，为防止应激，可在饲料或饮水中加入维生素C或复合维生素。

④ 补料和喂水。根据放牧条件决定放牧期间的饲喂制度。如果以放牧为主，一般放养第1周，早中晚各饲喂1次，第2周开始早晚各1次，早晨少喂，逐渐过渡到每天晚上补料1次，在过渡的同时逐渐由全价料过渡到五谷杂粮，补料量根据放牧场地植被和鸡群嗉囊充盈程度而定。在放牧场地供给充足的饮水，并固定位置。人工补饲优质牧草等青绿饲料时，也要把握由少到多的原则。

⑤ 放牧后期的饲养管理。出栏前20天左右，应逐渐减少鸡群活动量，增加喂料量，加强育肥，提高肌内脂肪含量，改善鸡肉品质。饲料中不宜添加有异味的鱼油、牛油、羊油等油脂，以免影响肉质。

⑥ 捕捉注意事项。因放养鸡长期运动，体能好，运动能力强，所以在出栏等需要捕捉时，最好选在晚上，在微弱光照下进行，减少碰撞、挤压，避免不必要的损失。

23. 肉用种鸡的饲养阶段是如何划分的?

肉用种鸡按制种过程，分为曾祖代、祖代和父母代种鸡。为了充分发挥肉用种鸡的遗传潜力，使肉用种鸡生产出量多、质优的种蛋，获得尽可能多的高质量雏鸡，达到理想的生产性能指标，在饲养管理方面应遵照育种公司手册规定的基本要求，结合当地生产的实际情况进行科学的饲养管理。根据种鸡不同的生理阶段，一般将肉种鸡的生产阶段分为育雏期（0~6周）、育成期（7~24周）和产蛋期（25周至淘汰）。

24. 肉用种鸡为什么要实行限制饲养?

（1）控制生长速度，使其达到标准体重　肉用种鸡的最大特点是采食量大、增重速度快。例如AA+种母鸡20周龄的体重标准1 900~2 400克。在生长期间，若任其自由采食，20周龄时母鸡体重则可达3 000克以上。母鸡过重，常致产蛋量大幅度减少，种蛋的合格率也很低；公鸡过重，则配种能力降低，与配母鸡产的蛋受精率低下，并且往往发生腿部疾患。

（2）推迟肉种鸡性成熟的时期，使其性成熟和体成熟同步化　采取限制饲喂的技术措施，可使肉种鸡的骨骼和内脏器官早期得到充分发育，保持适当的体重，避免生长过快和早期性成熟，从而使全群所有个体的性成熟和体成熟大致同步实现。肉种鸡一般到24周龄左右即开始产蛋，27~28周龄产蛋率可达50%，30~32周龄进入产蛋高峰期。按技术要求，肉种鸡产蛋不宜早于21周龄，也不宜迟于27周龄。合理限制饲喂，可使种鸡开产日龄整齐，开产适时，产蛋率上升快，产蛋高峰期持续时间长，种蛋的合格率高。

（3）减少脂肪沉积，节约饲料，提高种用价值　若让肉种鸡自由采食，则会因吃得过多而肥胖，体重增加，形成所谓的“脂肪鸡”。这种鸡体质差，胸骨较短，腹部较硬，腹部内容积狭小，体躯发育差，内脏器官周围沉积较多脂肪。“脂肪鸡”不仅饲料消耗大，而且进入性成熟后，生理代谢机能不旺盛，特别是卵巢和输卵管的生殖机能下降，严重影响种用价值。限饲可使种鸡腹部脂肪沉积量减少20%~30%，从而降低其开产后脱肛、难产的发生率，并且可以提高其耐热能力，不易中暑。限饲可减缓种鸡体重增长速度，减少饲料消耗10%~30%，可使培育成本下降8%左右，同时提高了种用价值。

25. 肉用种鸡限制饲喂的方法有哪些?

概括说来，限饲的方法可划分为限时法、限质法和限量法等多种方法。在生产实践中，各种限饲方法并非单独采用，常常根据具体情况，将某些方法配合起来应用。

（1）限时法　主要是通过控制种鸡的采食时间来控制其采食量。

本法又可分为每日限饲、隔日限饲和每周限饲 3 种形式。

① 每日限饲。按种鸡年龄大小、体重增长情况和维持生长发育的营养需要，每日限量投料或通过限定饲喂次数和每次采食的时间来实现限饲。此法对鸡应激较小，适用于育雏后期、育成前期和转入产蛋鸡舍前 1~2 周或整个产蛋期的种鸡。

② 隔日限饲。在饲喂全价日粮的基础上，把 2 天限饲的饲料集中在 1 天投给，另一天停喂。即 1 天喂料，1 天停料。该法对种鸡应激较大，但可缓解其争食现象，使每只鸡吃料量大体相当，从而得到体重整齐度较高而又符合目标要求的鸡群。该法适用于生长速度快而难以控制阶段的鸡群或体重严重超出标准的鸡群，但实施阶段 2 天的饲料总量，不可超过产蛋高峰期的饲料量。目前该方法多调整为喂 4 停 3 法（喂 4 天停 3 天，将 7 天的喂料量分摊在 4 天喂给，周一、三、五不喂）。

③ 每周限饲。每周喂 5 天（周一、周二、周四、周五、周六），停 2 天（周三、周日），即将 7 天的饲料平均分配到 5 天投饲。

（2）限质法　主要是限制饲料的营养水平，使种鸡日粮中某些营养成分的含量低于正常水平。通常采用降低日粮能量或蛋白质水平，或能量、蛋白质和赖氨酸水平都降低的方法，达到限制种鸡生长发育速度的目的。但是，在此应注意，对于种鸡日粮中的其他营养成分，如维生素、矿物质和微量元素等，仍需满足供给。

（3）限量法　通过减少喂料量，控制种鸡过快生长发育。实施此法时，一般按肉用种鸡自由采食量的 70%~80% 投喂饲料。当然，所喂饲料应保证质量和营养全价。

26. 请推荐肉用种鸡常用的限饲程序。

肉种鸡常用限饲程序可参考表 3-9 和表 3-10。

表 3-9　AA+ 种母鸡常用限饲程序推荐

周龄	饲料种类	限饲程序	粗蛋白质（%）
0~3	育雏料	每日限饲	17.0~18.0
4~11	育成料	喂 4 停 3	15.0~15.5

（续表）

周龄	饲料种类	限饲程序	粗蛋白质（%）
12~17	育成料	喂 5 停 2	15.0~15.5
18~20	预产料	喂 6 停 1	15.5~16.5
21~24	预产料	每日限饲	15.5~16.5

表 3-10　AA+ 种公鸡常用限饲程序推荐

周龄	饲料种类	限饲程序	粗蛋白质（%）
0~2	育雏料	自由采食	20.0
3~5	育雏料	限量采食	18.0
6~10	育成料	喂 5 停 2	14.0~15.0
11~17	育成料	喂 6 停 1	14.0~15.0
18~24	配种期公鸡料	每日限饲	14.5~15.5
25~64	配种期公鸡料	每日限饲	14.5~15.5

27. 限制饲养应注意哪些问题？

（1）*调群*　在限饲过程中要及时调群，调群时间一般是结合停料日的下午称重时进行，要求每周一次，开产后每月一次。笼养按列划分组群，便于给料量的计算和喂料操作。

调群的方法是将体重大的和体重小的选出来分别放在体重大的和体重小的栏中，同时将体重符合标准的鸡只调回到中等体重栏中，调入和调出的数量应相等。

（2）*应有充足的采食饮水位置*　由于限饲，使鸡群处于饥饿状态。因此，投料后鸡群必然争抢采食，若没有足够的采食和饮水位置，将使一部分弱小鸡只因采食饮水不足而造成体重和体质差异过大，导致均匀度差，甚至在喂料时因抢料而发生伤亡现象。

在限饲期间，除保证每只鸡有 10~15 厘米长的食槽位置外，还应留有 10% 的料位以保证每只鸡都有充足的采食空间，料槽和水槽距鸡活动的范围要求在 3 米以内，水槽离料槽尽量近些，一般是在两料槽之间放置饮水器。

（3）*加快投料速度*　应将规定的料量迅速均匀地投到喂料器内，

使用料桶或料槽喂料时，需增加人员，在均等的位置上同时添料，动作要快，一般要求在3~5分钟完成。也可在天亮前或晚上关灯时将料桶装好料挂起，在第二天喂料时同时放下，采食结束时再挂起。如果是用链式饲槽机械送料，要求传送速度每分钟不低于18米或30米以上的快速喂料系统，速度低时应考虑增加辅助料箱或人工辅助喂料。

（4）注意调整营养　限饲过程中，要注意观察鸡群动态，防止或减少应激。如果遇到断喙、疫苗接种、转群、发病以及气候变化时，应有准备地在饲料或饮水中投放抗应激药物，需要时可以适当调整饲料营养，甚至转入正常非限制饲喂。

（5）各阶段应及时换料　结合限饲程序，在保证肉用种鸡标准体重的前提下，应按育雏期、育成前期、育成后期、预产期、产蛋期及时更换饲料，以满足各时期的营养需要。饲料的更换应有3~5天的过渡期。从7周龄开始，每100只鸡每周应喂给450克粒度适宜的不溶性砂砾，有助于饲料的消化吸收。需要强调的是在停饲日不能投喂砂砾。

（6）注意光照程序　限制饲养应和光照程序相结合，效果更佳。由于肉用种鸡实施了限制饲养，为使鸡群的性成熟略微推迟，体成熟和性成熟尽可能的同步，要求在生长期给予较少的光照时间。有条件的鸡场可实施遮黑式鸡舍管理，可以更有效地控制性成熟，达到理想的生产效果。方法是在适宜季节或机械调节舍温的情形下，将鸡舍所有进光的门窗用塑料遮帘遮黑，采用自然光照和人工控制光照相结合。

28. 怎样才能合理控制肉种鸡的体重？

肉种鸡体重的控制，主要控制生长期体重，特别是育成期鸡只的体重，因体重与产蛋率有密切关系。育成期体重大，产蛋期体重也大；反之，育成期体重小，产蛋期体重也小。实验证明，开产时若体重达到该品种的标准体重且整齐度高时，鸡群的产蛋率上升快，进入高峰期产蛋率平稳，高峰期维持的时间长。因此，对肉种鸡体重的控制非常重要。控制肉种鸡的体重，关键是定期监测体重的变化，并根据测定结果采取相应措施。

（1）体重监测　抽测鸡时要随机抓取，不可人为挑选。地面或网上平养的，可将鸡舍沿对角线采取两点，用折叠铁丝网随机将鸡围起来，所围的鸡只数应接近抽测的计划数；或者将鸡舍划分为几个小区，小区的数量视鸡群的大小而定，使得每个小区的鸡只都有称重的机会；分层笼养时，除将鸡舍均匀地划分为若干小区外，还要分别抽测上、中、下 3 层鸡笼鸡只，每个小笼都要全部称重。

抽测应每周称重 1 次，抽测的时间一般在每天饲喂前或停饲日进行。抽测的数量 10 000 只以上抽测 1%~2%，一般不应少于 100 只；10 000 只以下抽测 2%~5% ，一般不能少于 50 只。因为数量少很难代表鸡群的整体情况。

（2）鸡群体重的控制措施　抽测称重结束后，应立即计算平均体重和均匀度，并与标准体重对照。根据具体情况，采取相应的措施。

① 体重低于标准的鸡群。为了使鸡群的平均体重尽快达到标准体重，主要采取如下措施：一是提前执行下周的喂料量，如第 7 周末实测鸡群体重低于标准体重时，第 8 周应饲喂第 9 周的喂料量；二是体重低于标准体重百分之几，喂料量就应相应增加百分之几，当体重恢复到标准体重后，再饲喂相应周龄的料量。

例如，育成肉种公鸡第 7 周的标准体重为 1 070 克，每日给料量为 83 克 / 只；第 8 周的喂料量为 88 克，第 7 周末实测平均体重为 1 020 克，低于标准体重 4.68%，第 8 周则应增加喂料量 4.68%。那么，第 8 周的进食量为: 88 + (88 × 4.68%)=92.1 克。

② 体重超标的鸡群。为使其平均体重尽快达到标准体重，可采取下列方法：一是继续维持上周喂料量，当体重符合标准后，再喂相应周龄的料量；二是体重超出标准体重百分之几，喂料量就应相应减少百分之几，当体重恢复到标准体重后，再饲喂相应周龄的料量。但不应出现喂料量少于上周的情况。

如育成肉种公鸡第 7 周的标准体重是 1 020 克，每日给料量为 83 克 / 只；第 8 周的喂料量是 88 克，第 7 周末实测平均体重为 1 070 克，高于标准体重 4.68%，第 8 周则应减少喂料量为 4.68%。那么，第 8 周的进食量应为 88－（88 × 4.68%）=83.88 克

29. 如何评判鸡群均匀度?

所谓体重均匀度，是指鸡群内个体间体重的整齐程度。表示方法是用平均体重 ±10% 范围内的个体占全群的百分数表示。实际生产中也可以计算鸡群体重的变异系数评价均匀程度。

（1）抽样称重　首先要随机抽样，抽样称重鸡数应占全群鸡数的5%（大群抽测1%），一般抽测鸡数不应少于100只，小群也不应少于50只，对抽测的鸡要随机抓取，不可人为地挑选大小。分层笼育时，随机抽取上、中、下3层鸡笼的鸡，每个小笼要全部称。逐只称重并记录。

（2）计算平均体重　将每只鸡的体重加起来除以鸡只数，即得出测定群的平均体重。

（3）计算 ±10% 的体重范围的鸡只数　标出测定群平均体重 ±10% 的体重范围，逐只统计测定群内落在该范围内的鸡只数。

（4）计算均匀度　用 ±10% 的体重范围的鸡只数除以抽样的总鸡数，再乘以100%，得出的数即是该鸡群的均匀度。

一般认为，均匀度大于90%为特等，84%~90%为优，77%~83%为良好，70%~76%为一般，63%~69%为不良，56%~62%为差等。均匀度一般每两周测定一次，如育雏早期发现均匀度差，应查明原因，针对性处理。

30. 肉种鸡育雏前要做好哪几项工作?

肉种鸡具有与肉鸡相似的遗传特性，胸肉比例高、生长速度快、饲料转化率高。肉鸡性状的改进对种鸡生产性能的影响，如产蛋率、受精率、死淘率、抗应激能力、饲养环境条件和管理等提出了更高的要求。因此应根据肉种鸡的生长发育特点，饲养过程中应尽量避免各种应激因素，提供良好的饲养环境，通过精确的料量控制和严格的限饲控制体重，避免超重，正确管理好种鸡的各个饲养管理阶段，尽可能生产出量多、高质量的商品代肉鸡。

（1）入舍前，要健全生物安全体系　以减少病原微生物在鸡舍内外环境中的留存。所有的鸡舍和设备必须彻底冲洗消毒，并在雏鸡入舍前进行检测，确保冲洗消毒的效果。雏鸡入舍前对鸡舍提前预温，正常气候预温 24 小时，温度较低季节 48 小时，寒冷冬季预温 72 小时，使鸡舍温度和相对湿度保持稳定，垫料温度达到 28~30℃，鸡背高的温度在 30℃以上，相对湿度为 60%~70%。

（2）雏鸡入舍　鸡群的体感温度取决于干球温度和相对湿度，如果相对湿度偏离 60%~70%，鸡背高的温度应做相应的调整。经常观察雏鸡行为，以保持温度适宜。从 1 日龄开始应确保给雏鸡提供一定的新鲜空气，提供最小通风量，避免出现贼风和背流风，地面高度的风速应低于 0.12 米 / 秒或越低越好。

最佳的环境温湿度见表 3-11。

表 3-11　育雏期的温度与湿度

日龄	0~4	5~8	9~12	13~15	16~18	19~21
温度（℃）	32~35	27~32	25~30	24~26	22~24	20~22
相对湿度（%）	65~70	55~65	40~50	40~50	40~50	40~50

（3）育雏期（0~4 周）管理的重点

① 0~3 日龄通过精细的管理，培养刺激雏鸡食欲。确保有足够的采食和饮水位置，勤赶鸡和匀料，为其提供高质量的颗粒破碎饲料，保持最佳的环境温度，随时观察雏鸡行为。在 25% 的育雏区域铺上垫纸，饲料同时放在垫纸和开食盘上，利用嗉囊充盈度作为评判雏鸡食欲的指标。一般来讲，雏鸡入舍开水、开食 2 小时后，在不同的地方抽查 100 只鸡，满嗉囊鸡所占的比例应达到 75% 以上；8 小时时应达到 80% 以上；12 小时后应达到 95% 以上；24 小时后应达到 100%。

② 7~14 日龄达到目标体重。从 10 日龄开始为鸡群提供连续不断但较短的光照时间，提倡遮黑饲养，建议密闭式鸡舍育成期使用 8 小时的光照时间，如体重低于标准，在 21 日龄前可适当延长光照时间。

③ 14~21 日龄个体称重。从第 2 周开始个体称重并记录，计算均匀度和变异系数。

④ 21~28 日龄体重应达标，4 周末公母鸡体重必须达到或略超过标准体重 20~40 克。4 周时如果鸡群的变异系数在 12% 左右时就应该分栏，将鸡群按照不同的平均体重分成 2~3 栏饲养，分栏后每栏的变异系数应小于 8%。

⑤ 育雏成功与否的评判。通过对均匀度的评估判断育雏是否有缺失。正常情况下，雏鸡到场时的均匀度一般为 78%~82%；1~4 周龄期间均匀度如果大幅降低，则说明育雏期管理存在问题；如 1~4 周龄每周的均匀度和 1 日龄基本一致，则说明育雏效果较好，见表 3-12。

表 3-12　育雏效果好坏的评判

变异系数（%）	0	1	2	3	4	5	5 以上
评价	非常好	很好	好	一般	差	很差	不能接受

31. 肉用种鸡育成期应如何管理？

（1）育成前期（5~10 周）　通过调整各栏的喂料量，正确控制各栏鸡群的体重增长，使鸡群获得均匀的骨架发育。公鸡早期的生长发育对于将来的受精率非常重要，12 周之前，公鸡 95% 的骨架几乎已发育完成；12 周公鸡体重小，腿就短，将来的腿也短。分群时间很重要，正常情况下在 3~4 周、6~8 周、10~12 周要分群 3 次。分栏后，重新制定体重生长曲线，控制好栏内鸡群的体重，以确保各栏鸡群在 7 周达到标准；8 周后必须每周增加一定的料量，稳定栏内鸡群的饲养数量，达到正确的周增重。育成前期公母鸡体型配比的好坏对受精率会产生重要的影响，因此，应确保体型配比合乎标准要求。

（2）育成中期（11~15 周）　保持正确的周增重，增加饲料量刺激生长，10 周时应重新审核各栏鸡群的体重，并与标准体重比较，制定平行于标准体重的生长曲线。15 周时再次审核鸡群体重，必要时重新制定新的体重生长曲线。保证饲料均匀分配，料位充足，维持好均匀度。10~15 周期间应制定一个计划，尽可能使体重在 15 周之前调整完成。15 周以后鸡群开始性成熟发育，因此必须关注这个时间段，15 周龄之后已经来不及再把体重调整回标准体重，到了这个点我们只能接受之前所犯的“错误”，如果这时体重超重也必须做出相应的管理。

（3）育成后期（16~24 周） 保证提供适当的饲喂量，达到正确的周增重和体况发育良好，17 周后尤为重要；维持均匀度的持续稳定；确保公母分饲，适时进行公母混群和光照刺激等；21~25 周应在见第一枚蛋时换成产蛋期饲料或最晚产蛋 5% 饲喂产蛋料。

① 育成后期群内和栏内的周增重和增重率应达标。确保群内和栏内均衡的周增重、总增重和增重率达标。如果周增重不够，将会影响产蛋高峰，如果周增重及总增重过度，则会影响到产蛋维持。

② 确保体况发育良好。在 16~23 周，每周称重时通过目测和触摸对鸡只的胸部、翅部、耻骨、腹部脂肪等进行监测观察，确保丰满度发育适宜。

③ 公母混群。18~21 周对公鸡进行选种，淘汰鉴别差鸡；21~24 周根据鸡群的性成熟情况进行公母混群；未成熟的公鸡不应与母鸡混群；如公鸡性成熟早于母鸡，应分步混群，2~3 周后达到所要求的公母比例，见表 3-13。防止过度交配伤害母鸡，因公鸡太凶造成母鸡躲避，羽毛破损；交配不足，错失交配机会，早期孵化率较低；混群太晚，公母鸡性成熟过度，影响产雏数。

表 3-13 建议的公母配比

日龄	147~154	210	245	280	315~350	420
周龄	21~22	30	35	40	45~50	60
混群比例	9.5~11	9~10	8.5~9.75	8~9.5	7.5~9.25	7~9

④ 光照管理。育成期保持恒定的光照时间 8 小时，首次增加光照时间最多 3~4 小时，由 8 小时增加至 12 小时，2 周以后再增加 1 小时，以后每周再增加 1 小时，最长 16 小时（国外建议有 13~15 小时）；光照强度比育成期增加 10 倍，尽可能采用简单的光照程序。计算并记录鸡群的均匀度，评估鸡群适宜的加光时机，一般母鸡加光

时的体重应为2.3~2.4千克。加光前检查母鸡耻骨状况，利用耻骨间距管理光照刺激，因其与母鸡性成熟直接相关，未达到性成熟的母鸡会造成脱肛，性成熟的母鸡会有较好的产蛋性能，变异系数大的鸡群耻骨间距也很不均匀，光照延迟越久越能改善均匀度；18周以后，密切检查耻骨间距，只有85%~90%的鸡群达到2指以上才可加光。一般22~23周第一次增加光照时间，不应早于147日龄。

⑤ 公母分饲。防止公、母鸡相互偷吃料，公母鸡使用不同的饲喂器饲喂，保持公鸡18厘米/只的采食位置，料槽或料桶高度适宜但不能摇摆或倾斜，确保每只鸡吃料均匀；一旦母鸡不再偷吃公鸡料，应将公鸡料槽或料桶尽量放低，以利于体型小的公鸡吃料，有利于整体均匀度的保持。

32. 肉用种鸡产蛋期应如何管理?

（1）产蛋前期（25~34周） 保持正确的周增重和总增重，强调性成熟的均匀度。为满足产蛋率、体重和蛋重的需求增加料量，23~28周开产后根据产蛋率、蛋重及体重情况增加饲喂量。观察鸡群的行为，加强种公鸡管理，对胸肌发育评分，淘汰不合格和不交配的公鸡，并维持好公母比例。确保公母鸡同步性成熟，公母分饲及公母鸡体况发育良好，通过饲喂管理好种公母鸡的体重，为鸡群提供最佳的饲养环境，包括有效的鸡舍降温和加热系统，保持适宜的温度、湿度、通风、密度等，减少应激。

（2）产蛋后期（35周至淘汰）

① 35周至淘汰，产蛋达到高峰后35天左右。一般在35~36周开始减料，并根据鸡群的产蛋率、蛋重、总产蛋状况及体重减料，控制体重和蛋重过度增长。

② 30周至淘汰。根据体况管理公鸡，淘汰体况差的公鸡，保持适当的公母比例。

③ 创造较好的鸡舍条件。为种鸡提供合理的鸡舍条件（表3-14和表3-15），保持合理的饲养密度（表3-16），保持最佳的群体大小，一般种鸡群体大小适宜为3 000只母鸡。

表 3-14　鸡舍宽度对孵化率的影响

鸡舍宽度（米）	>15	12.5~15	<12.5
孵化率（%）	79.8	80.1	82.6

表 3-15　鸡舍长度对孵化率的影响

鸡舍长度（米）	>70	55~70	<55
孵化率（%）	79.7	82.1	81.4

表 3-16　饲养密度对孵化率的影响

饲养密度（只 / 米^2）	<7.4	7.4~7.6	>7.6
孵化率（%）	81.7	80.6	78.4

④ 减少应激。实际生产中会遇到或发生各种应激如饲料类型和数量的变化、用药过量或不当、环境的改变、转群、免疫、缺水、限饲、惊吓等，每项细小的变化，鸡群都会出现不同程度的应激反应。因此，在日常的各项操作时，应将考虑应激因素，尽量降低，并在饮水中添加多维素、维生素 C 等以缓解应激反应。

肉种鸡生产性能，关键在于体重和均匀度的控制，要养好肉用种鸡，离不开优良的现场和细节管理，任何规范的操作程序都代替不了良好的现场和细节管理。实际生产中，要做好种鸡饲养管理工作就要从现场细节入手，夯实工作之基础是关键。市场上最好的环境控制器是人，最好的环境感应器是鸡，每一位饲养管理人员要从“人文关怀”的指导思想出发，问题思考全面彻底，工作安排细致到位，思路明确灵活，细心观察，为鸡群创造一个舒适稳定的生存、生长、生产环境，满足其不同生长发育阶段的生理需求，确保鸡群健康，以取得较好的生产成绩。

33. 肉种鸡产蛋期怎样管好产蛋箱？

（1）安装时间　在分段式饲养的鸡舍，产蛋箱应在鸡群从育成舍转入产蛋舍之前安装；在全进全出式饲养的鸡舍，一般在 22 周龄安装产蛋箱。

（2）安装要求　蛋箱的高度要适宜，既便于种母鸡进出产蛋窝，又不易被地面垫料所污染，同时，还能为种母鸡提供一个躲避种公鸡骚扰的产蛋场所。一般最底层产蛋箱的进出踏板距垫料高度不应超过45厘米。底层踏板和第二层踏板的间距不应少于15厘米。

（3）安装数量　鸡场产蛋箱的数量应按开产时种母鸡的实际存栏量，以及每个产蛋窝最多供给四只种母鸡使用为基础计算。产蛋窝不足，将会使地面蛋、脏蛋或窝内破损蛋增多。

（4）蛋窝垫料　垫料应根据传统产蛋鸡的习性布置，为了不伤鸡蛋，应尽量使用洁净、卫生、优质的产蛋箱垫料。通常建议使用烘干的松木刨花，因其质地松软且对昆虫、细菌和霉菌具有一定的天然抵御性。应做好刨花的生产和运输过程中的监测工作，以确保刨花未受到有害物质、霉菌和昆虫的污染。确保刨花始终保持洁净、干燥和卫生，切记不要露天贮放垫料。

（5）产蛋箱的使用　至少在见蛋前一周，打开产蛋箱上一层产蛋窝。见到第一个种蛋时，打开下一层产蛋窝，将5~7天所有产的蛋都放入产蛋箱，吸引母鸡进入产蛋窝。要确保在喷雾降温系统工作时，雾滴不会飘入产蛋箱；同时雾滴不可过大，否则会弄湿地面垫料。最后一次拣蛋之后，赶出所有母鸡并关闭产蛋箱，防止鸡只趴窝，弄脏产蛋箱垫料。第二天开灯前将产蛋箱打开，以便早产的鸡只进入产蛋。

（6）地面蛋　每小时要在鸡舍内来回走动，驱动所有鸡只远离墙边和角落；要将蛋车通过鸡舍中央，用小旗将鸡只从产蛋箱下赶出；都要拣出窝外蛋。保持地面清洁干燥，可避免种母鸡将粪便和污物带入产蛋箱。

（7）机械式产蛋箱训练方法　鸡只转群后前3~5天将产蛋箱提升至2米高，使鸡只便于从地面到棚架上采食饮水。产蛋箱落下后，在通常收集种蛋的时间使集卵带每天至少全线运转四次，使鸡群熟悉该系统。鸡只吃完料后，在地面上来回走动将鸡只赶到棚架上。要避免在棚架上走动，防止鸡只用产蛋箱时受到干扰。下午每小时都要在地面上来回走动一次。

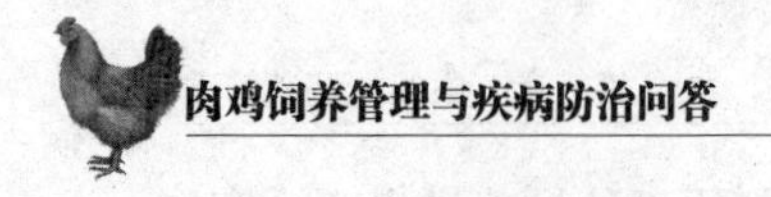

34. 怎样管理种蛋?

（1）种蛋收集　收集和包装种蛋的人员应经常清洗和消毒双手。每天至少收集四次种蛋。收集种蛋的时间应符合鸡群产蛋的模式。

前两次收集种蛋，其中每一次应收集当天总产蛋量的30%~35%，后两次收集种蛋，其中每一次应收集当天总产蛋量的15%~20%。如果一次收集种蛋的百分比超过35，脏蛋和破蛋的数量就会较高。在场内运输种蛋时，要遮盖运蛋车，防止灰尘落到种蛋上。

收集种蛋时要按类型分开：地面蛋、窝内蛋、小型蛋、双黄蛋、脏蛋和破蛋，便于当日记录。

最好入孵产于产蛋箱内的种蛋。如果某些种蛋上粘有一些脏物，可用塑料或木质刮板，或用大拇指甲刮掉，不建议用砂纸擦。砂纸会破坏种蛋的蛋壳膜，并将污垢压入蛋壳的蛋孔中，使孵化过程中导致爆蛋，增加污染程度。确保在远离干净种蛋的地方清理脏蛋，防止交叉污染。将干净种蛋与经处理的脏蛋分开储存，并在分别的孵化器中入孵。

不同的生产场对蛋重有不同的要求。当雏鸡外销时，客户会要求雏鸡重高于38克。蛋重最少55克。一条龙企业中，小鸡可以分开饲养，多护理并多养1~2天。重量小于48克的种蛋可以入孵，48克种蛋孵出的雏鸡体重大约为33克。

（2）种蛋挑选　母鸡并非总是生产合格种蛋。因此生产者应挑选出不合格的种蛋，将其与准备入孵的合格种蛋分开。

生产者须根据外壳质量、形状、大小、颜色和洁净程度挑选种蛋。具有某些性质的种蛋会导致孵化率下降的原因尚不清楚。有可能原因在于蛋壳气体交换的改变或pH的改变。由于蛋壳结构不同，种蛋失水不同似乎不是什么问题。重要因素在于要淘汰那些破裂、薄壳、异形、丘疹状和脏污的蛋只。孵化厅须根据这些基本要求制定自己的标准。

种蛋挑选过程决定出雏整齐和雏鸡的脱水程度，直接影响雏鸡质量。坚持一贯的种蛋挑选工作是保证质量的重要因素。

（3）种蛋消毒　选好的种蛋立即放入熏蒸箱内，用福尔马林熏蒸消毒。熏蒸箱封闭要严，用一个小铁盆或盘先放入高锰酸钾 12.5 克，再倒入福尔马林 25 毫升（每立方米的用量），立即将药推入熏蒸箱底部，20 分钟后打开箱门，自动排风。

（4）种蛋贮存　熏蒸后的种蛋尽快送入蛋库贮存。蛋库要求温度 15~18℃，相对湿度 75%~80%，库内清洁卫生，空气新鲜，地面定期清洗消毒，除工作人员外，闲杂人员不得入内。

35. 怎样喂好种公鸡？

培育优秀的种公鸡，就是要把种公鸡培育成腿长、胸平、睾丸发育良好、体重比母鸡重 30% 左右、行动时龙骨与地面呈 45° 角的健壮公鸡。为此，要做好以下工作。

（1）确保各阶段的增重达标

① 育雏阶段（0~6 周龄）。育雏阶段是羽毛、骨骼、心血管系统和免疫系统等的关键发育期。发育的好坏直接决定种公鸡生产性能。1~7 日龄要确保种公雏饲养环境适宜，保证其迅速增长，自由采食，通过光照时间的调节和饲喂次数的调整来刺激其提高采食量，确保 1 周末体重达到或者超出标准体重。2~4 周龄要根据实际情况调整饲喂方案，4 周末体重必须超出标准 50~100 克。如果 4 周末体重不达标，会造成早期骨架发育不良，胫骨短小将影响种公鸡的交配繁殖。如果 4 周末体重超出太多，会造成限饲阶段营养不足，导致性器官发育不良影响交配。建议前两周采用颗粒破碎料，培育早期食欲，3~5 周采用育雏颗粒料，并根据体重实际增长情况确定饲喂量和过渡为育成料的时间。

② 育成阶段（7~20 周龄）。5 周龄左右的种公鸡 50% 的骨骼发育完成，15 周龄左右 90% 的骨骼发育结束，所以 5~15 周体重要按标准体重走，超重的、体重较轻的都要拉回标准曲线。16~22 周龄为睾丸快速发育期，不管 16 周龄以前体重大小都要保证周增重达标，否则影响睾丸发育，从而影响受精率。15 周龄时若鸡群体重超出标准体重 5%，则要重新绘制平行于标准曲线的新体重曲线。

③ 混群和产蛋阶段（21 周龄到产蛋结束）。混群从 21 周龄开始，

混群后要防止种公鸡超重或增重不足，尤其是混群后 2~3 天要严格公母分饲，确保种公鸡体重的增长，且要管理好种公鸡的等级制度，严防偷吃母鸡料。

加光后 2~3 周是种公鸡睾丸快速发育的重要阶段，即使鸡群超重也不能把体重拉回标准体重，否则会造成种公鸡睾丸机能完全停止，在 18~23 周龄提高限饲强度会影响精子的形成，过度饲喂会造成 45 周龄以后受精率下降并低于标准值。

25~35 周龄必须每周称重 1~2 次，抽样比例不得低于 10%，否则会误导种鸡场管理人员对种公鸡饲喂量的调整。28 周龄以后种公鸡增重应保持在 30 克左右，保持与标准体重一致。整个饲养周期，种公鸡饲喂量要持续增加，30 周龄后可以增加少量的饲料，切忌因体重过大而减少饲喂量，导致营养不足而影响受精率。

（2）关注种公鸡睾丸发育状况　睾丸的大小、重量与种公鸡精子、精液的数量和质量有着直接联系。种公鸡 15 周龄以内睾丸发育较慢，由原来的几毫克增加到 80 毫克，主要是精原细胞的发育。精原细胞不仅提供精子生长发育的营养，而且其数量的多少直接决定着睾丸产生精子能力的高低。该时期尽可能避免出现影响种公鸡生长发育的各种应激，防止种公鸡发育不良。15 周龄之后睾丸快速发育，加光刺激 3 周后睾丸重量增加更明显，可达 12~22 克，18~25 周龄尤要避免热应激，防止睾丸发育不良、精液质量受损，进而影响后期的受精率。28~35 周龄睾丸重量和精液数量达到最大值，35 周龄发育良好的种公鸡睾丸重量可达 45 克左右，睾丸上有良好的血管分布和健康的色泽，输精管发育良好。从 36 周龄开始种公鸡的睾丸开始退化，精液的数量和质量也逐步下降，受精率也有所降低。因此，36 周龄后到产蛋结束，要频繁检查种公鸡的体况和增重情况，增重良好有利于减缓高峰过后受精率下降过快；有失重现象产生，应及时增加饲喂料量。若种公鸡 5 周内失重达 100 克，精液的精子数量、质量会下降明显；失重达 500 克以上，精子生产停滞，因此应重视种公鸡增重，从早期饲养开始贯穿于整个饲养周期。

（3）保证良好的饲养管理

① 断喙。为了防止种公鸡相互啄斗、饲料浪费和混群后交配

时对母鸡造成伤害，须精准地对种公鸡断喙。通常在5~7日龄由技术娴熟、有责任心的员工完成。断喙不好，影响饲料消耗、容易发生啄蛋和影响受精率。断喙过晚，喙发育成熟，难度加大，应激加大。

② 控制均匀度。种公鸡的均匀度广义上包括体重、体况（胸肌形状、丰满程度、骨架大小）、体型和性发育的控制。为了保证种公鸡的骨架发育一致，要从育雏开始重视其发育情况。均匀度育雏阶段不低于90%，育成阶段75%以上。均匀度的控制要注重料位、水位的管理，适宜的饲喂方式和合理密度等方面。

在种公鸡饲养过程中，要保证鸡群拥有合理的料位和水位，尤其在平养时育雏第1周是人工喂料、自由采食，这就要求工人喂料要均匀且同时给料，保证鸡群采食时间和采食量相同，从而同步发育。在采用限饲之后，布料速度要快且均匀。不管是槽式料线还是盘式料线都要根据鸡群生长情况及时调整粒位，可参考表3–17。水位调整可参考表3–18。

表3–17　种公鸡料位调整方案

种公鸡周龄	槽式料线（厘米）	盘式料线（厘米）
0~5	5	5
6~10	10	9
11~20	15	11
2周龄以后	20	13

表3–18　种公鸡水位的调整方案

种公鸡周龄	乳头饮水器（只/个）	钟形饮水器（厘米）
0~15	5	1.5
产蛋以后	10	2.5

整个饲养期，均须为种公鸡提供合适的饲喂面积，以获得最佳的生产性能和福利。平养种公鸡时，6周龄以前种公鸡饲养密度以4只/米^{2}为最佳，每栏鸡不超过500只；6~20周龄以3.5只/米^{2}为最佳；20周龄以后以3只/米^{2}为宜，每栏鸡不超过300只，否则密度

较大、饲喂面积较小，再加上限饲会影响部分种公鸡采食，进而影响其生产性能。

③ 公鸡的选种和混群后的公母比例调整。

公鸡的选种：及时淘汰不合格的种公鸡，可节省饲养成本。公鸡选种一般分 3 次进行：第一次选种比例为 14%~14.5%，首先整体评估断喙的效果，淘汰喙、趾、脚垫、胫骨、胸、背、眼等质量性状不合格和出现外伤、腹泻的公鸡，同时确定种公鸡的体重范围，淘汰体重较大和体重较小的鸡只，留下的公鸡体重不超出和不低于标准各 50 克；第二次选种在 21~22 周龄进行，选留比例为 13%，检测胫骨长度，胫骨不达标者一律淘汰出群，选留的公鸡要保证单栋体重差异控制在 250 克以内；第三次选种在 24 周末进行，选留比例大公鸡 11%、小公鸡 12%，根据光照刺激的反应情况（鸡冠、肉髯变化程度）淘汰多余的公鸡。

适宜的公母比例：公母混群一般从 21 周龄开始，种公鸡占比为 11%（剩下的备用）。公母混群时要保证种公、母鸡都达到性成熟，没有达到性成熟的种公鸡决不能与性成熟的种母鸡进行混群。如果种公鸡性成熟早于种母鸡，就应先按 5%~6% 的比例混群，再逐步将种公鸡与种母鸡混群，直至达到要求的公母比例，否则种公鸡之间会相互攻击，死淘率增高，影响受精率。

④ 注重种公鸡的营养管理。营养供应是种公鸡发挥最佳生产性能的物质基础。育雏期，要饲喂营养全价的肉种鸡育雏颗粒破碎料，不建议使用肉鸡 1 号料，4~6 周龄体重达标后逐步过渡到育成料。产蛋期，种公鸡的营养需要比种母鸡低，不宜饲喂过多粗蛋白和氨基酸，否则会导致鸡群受精率下降，也会造成种公鸡胸肌过大和体型、体况、体重不好控制，建议采用分饲饲喂系统，可避免因偷吃含钙高的母鸡料后，精子发生钙化、受损或死亡。

36. 观察鸡群的原则和方法是什么？

日常管理中加强鸡群巡视，观察鸡群状况，可以随时发现饲养环境中存在的问题，改善鸡舍小环境；通过及时了解鸡群生长发育情况，便于对疾病采取预防和治疗措施，降低损失；通过对鸡只个体单独的管理，减少个体死亡，提高成活率。

动用自己所有的感官，甚至在进入鸡舍前，就应该轻声来到鸡舍门外，静静地停留一会儿，仔细听听鸡群发出的声音有无异常。

定期进入鸡舍，静止观察，不来回走动。进入鸡舍后，不急于开灯，以免给鸡造成应激。可以在鸡舍里安静地观察 15 分钟，也可以搬把椅子坐在鸡舍里，仔细观察鸡群的活动状况。只有这样，才能捕捉到鸡群的真实情况，特别是异常行为。通过嗅觉了解鸡舍内的通风情况；用眼睛观察和耳朵倾听，了解鸡群是否活跃，对您进入鸡舍的反应与以前有何不同；还要去感知鸡舍内的温度是否适宜，所有的异常现象都需要给予关注。如果鸡群在过去一天没有采食饲料，会发出一种特殊的气味。

观察鸡群可以边工作边观察与专门观察相结合。可以在清扫过道、添加饲料、检查水线等过程中，观察和巡检鸡群。为了更准确地得到鸡群的实情，最好能安排专门的时间进行这种全神贯注地观察和巡检，而不是在操作其他工作的同时进行。

一次完整的巡查，必须走遍整个鸡舍，而不是仅仅停留在鸡舍前部或仅仅巡检一个过道。巡检、观察时，不可仅仅停留在观察鸡的行为上，还要注意检查水线、料线的工作运行状况。要观察鸡舍前后左右每一个角落，同时不要忘记看看鸡舍顶棚。

鸡舍巡查要遵循先群体、再个体、再群体的原则和顺序。先从鸡群整体观察开始，看鸡群是否在地面（地面厚垫料平养）、网床（网上饲养）、笼舍（笼养）上均匀分布，鸡群是否特别偏好聚集在鸡舍某个特定区域，或是由于鸡舍气候恶劣（如，过于干燥或寒冷等）而避免到某个区域去。尝试发现鸡与鸡之间的不同，观察鸡群的整齐度，了解为什么会发生鸡群个体之间的差异。抓出那些看上去比较特别的鸡只个体，近距离观察。如果发现有异常，要确定是由偶发因素造成的，还是一个潜在的重大问题的前兆。平时还要随机抓出一些鸡只个体观察和评估。对一些个体的观察，还需要把它放到鸡群的大背景下进行评估。因此，鸡群观察的顺序是先整体后个体，再从个体到整体。

观察鸡群，注意发现普遍的规律和现象，同时找出极端的现象。对观察到的情况，要及时进行汇总、思考，多问问自己：看到、听到、闻到、感觉到什么了？意味着什么？为什么会发生这些现象？如何解释？如何应对？对这些情况置之不理还是需要立即采取行动？

要经常提醒自己，观察到的这些情况与环境有关系吗？这种情况经常发生吗？发生的时间？易发的鸡群？其他鸡场有类似情况发生吗？

37. 怎样对鸡群进行群体观察？如何进行应对管理？

一个运营良好的鸡场，一定要定期巡查鸡舍周边环境状况，以确认可能存在的问题及改进策略。进入鸡舍前，应抓住重点，先从鸡舍外部巡查。

进入鸡舍前，先知道本栋鸡舍的重要数据，如存栏量、日龄、免疫情况等。

在鸡舍外留出至少 2 米的开放地带，便于防鼠，因为鼠类一般不会穿越如此宽的空间，不能无限度地扩大两栋鸡舍间的植物绿化带，鸡舍周围不种植植被或只种植低矮的草，这样可以确保老鼠无处藏身。同时需要保持鸡舍周边环境干净整洁，无杂物存放，无垃圾堆积。

鸡舍入口要有恰当的消毒措施。进入鸡舍，必须经过消毒池或消毒脚垫，同时要确保消毒池内有足够的消毒液，消毒脚垫始终是湿润的，更不能绕开消毒池或消毒脚垫进入鸡舍，否则会造成污染。

灰尘对鸡对人都有害。灰尘颗粒吸入肺中，如果再同时吸入了氨气，将会破坏黏膜系统，增加呼吸道病感染的机会，尤以灰尘浓度高、颗粒小时更甚。没有一个鸡舍内部是一尘不染的，垫料、饲料、羽毛、粪便都会最终变成灰尘颗粒飘浮在鸡舍空气中。因此，永远不要低估了灰尘对人的健康可能造成的危害，进入鸡舍一定要戴好口罩。

推开鸡舍门，迎面扑来一股氨气味道，可能使您感觉刺鼻，眼睛睁不开。这说明，鸡舍内氨气浓度非常高。空气中氨气浓度过高，会使鸡感觉痛苦，更会影响鸡的黏膜系统，使鸡对疫病更加易感。氨气浓度如果超过20毫克/米^{2}，人就可以闻到，而鸡舍内的其他气体如氧气、二氧化碳、一氧化碳等均无臭无味，人的感官不能察觉（表3-19）。如果浓度过高，对鸡对人均有害。

表3-19　鸡舍内各种气体的浓度标准

气体	标准水平
氧气	>21%
二氧化碳	<0.2%（2000毫克/米^{3}）
一氧化碳	<0.01%（100毫克/米^{3}）（最好是0）
氨气	<0.002%（20毫克/米^{3}）
硫化氢	<0.002%（20毫克/米^{3}）
相对湿度	60%~70%

当走过鸡群时，观察鸡群是否有足够的好奇心，是平静还是躁动，是否全部站立起来，并发出叫声，眼睛看着你。那些不能站立的鸡，就是弱鸡，要拣出来单独饲养。

鸡会花大量的时间去觅食。在自然环境中，鸡会花一半的时间觅食和挖刨，即使是在人工饲养的条件下，仍然喜欢挖刨，包括在饲料中挖刨。因此，观察鸡群时，要注意查看鸡群的采食情况，看是否有勾料（把料桶内的饲料勾到地上）、挑食等行为。勾料是球虫、肠炎、肠毒综合征等疾病的表现。造成鸡挑食的原因很多，多数和应激密切相关。由于在育雏期均以颗粒料饲喂，对颗粒饲料有很强的依赖性，适口性好，所以当鸡群忽然更换到粉料的状态，会造成很大的应激，造成挑食。避免这种情况的措施主要是通过控制饲料的粒度来调节，玉米的粒度不要太大，要随着日龄的增加而增大，豆粕除非特别大的团块，一般都不需要再粉碎。另外，提高饲料过程中的均匀度，使细碎的预混料能够均匀地附着于各种原料的表面，也可以通过油脂的喷雾添加加强预混料的均匀分布。

地面平养系统中，为了满足鸡的挖刨行为，要保持垫料的疏松和干燥，也可以在鸡舍一角放置大捆的稻草或苜蓿草。以减少鸡之间相互捉拉羽毛的倾向。但前提是，要确保稻草和苜蓿草干燥，未霉变。

鸡通过吮羽保持其羽毛处于良好状态。吮毛是将鸡尾羽腺分泌的

脂肪涂布到羽毛上的过程。早晨，鸡睡觉醒来就会吮羽，啄羽通常会发生在下午。因此，下午是一天中最重要的观察时刻，为避免发生过多的啄羽，可以在下午给鸡群一些玩具或能分散鸡群注意力的其他活动。

鸡没有汗腺，当环境温度过高，它感到太热的时候，就会张嘴喘气，以蒸发散热的方式排出多余的热量。同时，它会展开翅膀甚至羽毛，尽量增加身体接触通风的面积，最大程度地排出热量。如果发现整个鸡群有这种行为，表明鸡舍内温度过高，要设法缓慢降温，使鸡舍保持适宜的鸡体感温度。

通风不仅仅是将新鲜空气送入鸡舍，也能调整鸡舍内空气组成。如果您有多栋鸡舍，可能会发现每栋鸡舍里鸡只的行为都不尽相同，这就可能由鸡舍内的小气候不同造成。应立即派人入舍检测，并想法提高鸡舍的通风质量。

灰尘和污垢堵塞进风口和通风管道，造成通风量减少，从而使得鸡舍内温度升高和不必要的能源浪费。

夏季，借助鸡舍喷雾降温或带鸡消毒，可以有效降低舍内粉尘浓度，改善鸡舍小环境。

无限度增加饲养密度的现象往往出现在育雏期，对肉鸡的均衡发育影响很大，因为增加饲养密度时，其料位与水位会明显不足，这样一些肉鸡因采食与饮水不足慢慢被淘汰。

观察刚做过免疫的雏鸡就会发现，由于过分拥挤，密度过大，造成雏鸡张口呼吸，这对雏鸡是一种巨大的应激！

如果鸡舍太热，地面平养系统的鸡将会寻找凉快的地方，例如，它们将会依墙扎堆而卧。同时，会嘴巴张开，脖子伸长，翅膀伸展，尾巴上下摇动，鸡冠和肉髯呈暗红色，但听不到杂音。当鸡躺在地面，脚后伸和脖子伸长时，有窒息的危险。但是，当鸡感觉冷的时候又会成群扎堆，羽毛蓬松，缩头，看起来像生病的样子。

洒料现象，可能是加料或者清料盘时把料洒到这里了，造成饲料浪费。种鸡饲养中，若是发生在限饲的时候，还极易引起压死鸡现象的发生。

一天或是某个季节，都会存在所谓的高危时段。肉鸡在免疫、转群、换料等时段都是高危时段，这对饲养管理者来说也是一个挑战时段。要确保在这些时段，把风险降到最低。此外，夏季天热易受热应激而中暑，要保证密度不要过大。在平养系统中，如果发现鸡群总是不断地向鸡舍前端跑去，那就是饲养密度过大。冬季天冷通风往往不能达到最低通风量标准。如果是用地面平养系统，一个重要的工作就是在冬季尽力保持鸡舍内的气候环境对鸡适宜，而非对饲养管理者或养殖场主本人适宜。

表 3-20　饲养日志记录表

舍名：　　　饲养员：　　　　　第　周　　本周舍内湿度：

日期	日龄	舍温℃	采食量、饮水量		日采食总量	死亡数		日死亡总数
			白天	夜间		白天	夜间	
	1	34.0						
	2	33.5						
	3	33.0						
	4	32.5						
	5	32.0						
	6	31.5						
	7	31.5						
每日按照表格温度合理降温。按时如实填写，不得丢失								

要及时、全面记录观察收集到或了解到的鸡群相关信息，完整填写表 3-20，防止事后遗忘。记录内容还包括生产数据，如饲料、饮水消耗量、舍内温度变化情况、免疫及投药等情况。使用您所收集的信息，在每天的同一个时间段采集数据和信息，可以立刻发现两天的差别。比如饮水量、饲料采食量的大幅改变，首先意味着鸡群出现了健康问题，也可能是料线或水线出现了机械故障。这些情况也可以结合巡视中观察到的鸡群状况，对鸡群进行综合、全面的评定。

健康的肉鸡，皮肤红润，羽毛顺滑、干净、有光泽。如果羽毛生长不良，可能舍内温度过高；如果全身羽毛污秽或胸部羽毛脱落，表明鸡舍湿度过大；如果乍毛、暗淡没有光泽，多为发烧，是重大疫病的前兆。

如果鸡舍内湿度过大，易于发生腿病、脚垫病；鸡爪干瘦，多由脱水所致，如白痢、肾传支等；如果舍内温度过高，湿度过小，易引起脚爪干裂等。

鸡有3种不同种类的粪便：小肠粪、盲肠粪、肾脏分泌的尿酸盐。

小肠粪：比较干燥成形，上面覆盖着一层白色的尿酸盐，呈“逗号”状，捡起来放在手中可以滚动。如果不能滚动，可能是鸡感觉寒冷，有病，或是饲料有问题。

盲肠粪：一般呈深褐色，黏稠、湿润、有光泽，不太稀薄，多在早晨排泄。

如果盲肠粪的颜色变浅，说明消化不好，还有大量的营养成分滞留在小肠末端。这样可以造成营养成分在盲肠中发酵，使得盲肠粪变得过于稀薄。

肾脏分泌的尿酸盐：不同于哺乳动物，鸡没有膀胱，所以不排尿，但是可以把尿液转变为尿酸结晶，沉积在粪便表面形成一层白色物。

38. 如何对鸡群进行个体观察？如何进行应对管理？

鸡群里总会有一些高危鸡只，如发育迟缓的鸡。它们是疫病、缺水、缺料等问题出现时的第一批受害者。同时，它们也是第一个向饲养员发出信号的鸡只，告诉饲养员饲养管理中存在的失误和不足。高危鸡不仅仅是弱鸡，也包括那些在行为上可以在鸡群中制造麻烦的鸡，它们不是受害者而是施害者。思考那些在特定环境鸡场里发现的高危鸡和所产生的问题，并找到应对的措施。

正常的鸡在站立时总是挺拔的。若鸡站立时呈蜷缩状，则体况不佳；一只脚站立时间较长，可能是胃疼，多见于肠炎、腺胃炎等疾病；跗关节着地，第一征兆就是发生了腿病（如钙缺乏）。

如果鸡的羽毛湿润污秽，可以提示饲养员垫料过于潮湿。潮湿的垫料不仅会升高鸡舍内氨气的浓度，还会造成鸡的消化问题，以及发生球虫病，并可能引发肉鸡的脚垫，造成瘸腿。应通过良好的通风，排出鸡舍内的潮湿空气，保持垫料干燥。在饲料中增加纤维素含量，使得鸡粪变得干燥些；检查饮水系统，防止漏水造成垫料潮湿。另外，可以在垫料上撒一些谷物，在鸡刨食的过程中，翻动垫料，使其变得蓬松些。

鸡群里有打盹的鸡，看上去缩头缩脑，反应迟钝，不愿走动，不理不睬，闭目呆立，眼睛无神，尾巴下垂，行动迟缓，一旦发生疫病，这种类型的鸡将是第一批受害者。

体况良好的鸡，鸡冠直立、肉髯鲜红，大鸡冠向一边倒垂，是正常现象。鸡冠发白，常见于内脏器官出血、寄生虫病、营养不良或慢性病的后期等情况；鸡冠发绀，常见于慢性疾病、禽霍乱、传染性喉气管炎等；鸡冠发黑发紫，应考虑鸡新城疫、鸡霍乱、鸡盲肠肝炎、中毒等；肉髯水肿，多见于慢性霍乱和传染性鼻炎，传染性鼻炎一般两侧肉髯均肿大，慢性禽霍乱有时只有一侧肿大。

观察羽毛颜色和光泽，看是否丰满整洁，是否有过多的羽毛断折和脱落，是否有局部或全身的脱毛或无毛，肛门附近羽毛是否被粪便污染等。

观察脚垫，脚垫上出现红肿或有伤疤和结痂，是垫料太潮湿和有尖锐物的结果。健康的脚垫应该平滑，有光泽的鱼鳞状。如果鳞片干燥，说明有脱水问题。脚垫和脚趾应无外伤。

生长期，肉鸡的胸肉发育不完全，摸上去有骨感，甚至龙骨突出。但是到了育肥期后期胸肉快速发育，变得丰满起来，同时腹部开始发育。如果育肥期龙骨上附着的鸡肉仍不够丰满，意味着饲料中蛋白不足，要注意调整饲料。

个体观察中，如果发现鸡群中有鸡发出不正常的声音，要观察这些鸡是否有流鼻涕，喉咙中是否有黏液，或是其他有炎症发生的现象。

鸡可以用喙来接触分辨出一些相对的感觉，如感觉硬和软、热和冷，光滑和粗糙，以及痛觉。快大型商品肉鸡因为生长时间短，一般管理中不用断喙，但为了防止发生啄癖，肉种鸡和优质肉鸡需要断喙。

断喙可以有效地防止啄癖。鸡只在 10 日龄左右断喙一次，鸡喙断取上 1/2，下 1/3，在 110 日龄左右再补断一次。

断喙会给鸡造成极大的痛苦。为了减轻鸡的痛苦，可以给优质鸡带眼罩，防止发生啄癖。

鸡眼罩又叫鸡眼镜，是用佩戴在鸡的头部遮挡鸡眼正常平视光线的特殊材料。使鸡不能正常平视，只能斜视和看下方，防止饲养在一起的鸡群相互打架，相互啄毛、啄肛、啄趾等，降低死亡率，提高养殖效益。您也可以让鸡戴着眼镜出售，这样就出现了一种新型的眼镜鸡，售价可以提高。

当肉鸡体重达500克以后，就开始佩戴鸡眼镜至上市。把鸡固定好，先用一个牙签或金属细针在鸡的鼻孔里用力扎一下并穿透，如有少量出血，可用酒精棉擦拭。左手抓住鸡眼镜突出部分向上，插件先插入鸡眼镜右孔后对准鸡鼻孔，右手用力穿过鸡鼻孔，最后插入镜片左眼，整个安装过程完毕。

39. 怎样制订出栏计划?

（1）根据鸡只日龄，结合健康状况和市场行情，制定出栏计划 行情好、雏鸡价格高、鸡只健康、采食量正常，可推迟出栏时间、争取卖大鸡；行情不好、适时卖鸡。

（2）肉鸡出栏要果断 肉鸡的出栏体重是影响鸡效益的重要因素之一。确定肉鸡最适宜出栏体重主要是根据肉鸡的生长和饲料报酬变化规律，其次要考虑肉鸡售价和饲料成本，并适当兼顾苗鸡价格和鸡群状况等。

根据生产实践中的观察结果发现，运用以下3个公式在生产中进行测算，能够帮助广大养殖户更好地解决这一问题。

① 肉鸡保本价格。又称盈亏临界价格，即能保住成本出售肉鸡的价格。

保本价格（元/千克）= 本批肉鸡饲料费用（元）÷ 饲料费用占总成本的比率 ÷ 出售总体重（千克）

公式中“出售总体重”可先抽样称体重，算出每只鸡的平均体重，乘以实际存栏鸡数即可。计算出的保本价格就是实际成本。所以，在肉鸡上市前可预估按当前市场价格出售的本批肉鸡是否有利可图。如果市场价格高出算出的成本价格，说明可以盈利；相反就会亏损，需要继续饲养或采取其他对策。

② 上市肉鸡的保本体重。是指在活鸡售价一定的情况下，为实现不亏损必须达到的肉鸡上市体重。

上市肉鸡保本体重（千克）= 平均料价（元 / 千克）× 平均耗料量（千克 / 只）÷ 饲料成本占总成本的比率 ÷ 活鸡售价（元 / 千克）

公式中的“平均料价”是指先算出饲料总费用，再除以总耗料量的所得值，而不能用 3 种饲料的单价相加再除以 3 的方法计算，因为这 3 种料的耗料量不同。此公式表明，若饲养的肉鸡刚好达到保本体重时出栏肉鸡则不亏不盈，必须继续饲养下去，使鸡群的实际体重超过算出的保本体重。

③ 肉鸡保本日增重。肉鸡最终上市的体重由每天的日增重累积起来。由每天的日增重带来的收入（简称日收入）与当日的一切费用（简称日成本）之间有一定的变化规律。在生长前期日收入<日成本，随着肉鸡日龄增大，逐渐变成日收入>日成本，日龄继续增大到一定时期，又逐渐变为日收入<日成本阶段。在生产实践中，当肉鸡的体重达到保本体重时，已处于“日收入>日成本”阶段，正常情况下，继续饲养就能盈利，直至利润峰值出现。若此时再继续饲养下去，利润就会逐日减少，甚至出现亏损。特别要注意的是，利润开始减少的时间，就是又进入“日收入<日成本”阶段了，肉鸡养到此时出售最合算。可用下列公式进行计算：

肉鸡保本日增重 [千克 /（只 · 日）]= 当日耗料量 [千克 /（只 · 日）]× 饲料价格（元 / 千克）÷ 当日饲料费用占日成本的比率 ÷ 活鸡价格（元 / 千克）

经过计算，假如肉鸡的实际日增重>保本日增重，继续饲养可增加盈利。正常情况下，肉鸡养到实际体重达到保本体重时，已处于“日收入>日成本”阶段，继续饲养直至达到利润峰值，此时实际日增重刚好等于保本日增重，养殖户应抓住时机及时出售肉鸡，以求获得最高利润。因为这时已经达到了肉鸡最佳上市时间，如果继续再养下去，总利润就会下降。

40. 怎样进行出栏管理?

根据出栏计划，安排好车辆，确定好抓鸡人员和时间，灵活安排添料和饮水，尽量减少出栏肉鸡残次品数量。

（1）出栏时机　现在很多大的一条龙企业或行业之间的合作让合同养殖模式已经深入人心，合同养殖自然也就按照合同的约定出栏上市，这是最安全的养殖模式，尽管没有大的养殖风险，但利润空间也会受到限制。

肉鸡屠宰厂也是企业，在行情下滑的情况下，风险太大也会超过宰杀厂的承受能力，一些违约的事也经常发生，宰杀厂会以停电、设备维修等种种借口而拒收。所以在与宰杀厂签定养殖合同的时候一定要考虑周全，以免对方违约而给自己造成损失。

社会养殖，养殖与出售遵循市场规律，随行就市，风险和机遇并存。

把握好出栏时机。肉鸡在出栏前后几天根据是否发病和死亡率的情况，结合鸡群的采食情况，考察毛鸡的价格走势等因素，决定是否出栏。关键性的几天会带来意想不到的效益，即使合同养殖出栏日期也不固定，要有一个范围。

（2）出栏时的注意事项　当养殖顺利的时候，出栏时往往会掉以轻心，当养殖不理想的时候，出栏时往往又垂头丧气，甚至不敢面对。出栏时要克服不稳定的情绪影响，把握好每一个细节，尽量减少不必要的损失。

先定好出栏时间，再落实抓鸡队伍；落实好屠宰厂车辆到达时间，再落实抓鸡队伍到达时间；拉毛鸡的车到达后，开始按照要求空食（把料线升起来）；空食结束开始抓鸡，同时把水线升起来（断水）；抓鸡要轻，实际上是抱鸡（以免抓断腿和翅膀而影响屠体质量和价格）；轻轻把鸡装进鸡笼；装车时也要轻，避免压死鸡或压坏、压伤鸡头；根据季节和气温决定装鸡的密度，否则会因为高温高密度而闷死鸡；装好后，最好搭好篷布，防雨防晒，冬天保温。

（3）出栏结算　棚前付款，装完车过磅，过完磅付款。

杀胴体，先预付大部分毛鸡款，等杀完胴体以后统一结算。

凡是延期付款的事前都要有销售约定，约定付款期限、超过期限该承担的利息和引起纠纷以后解决的措施。

（4）批次盘点　养殖结束要根据养殖记录和销售结算情况进行批次盘点。

① 收入：毛鸡、鸡粪、废品。

② 支出：鸡苗款、饲料款、药费（消毒药、疫苗、抗菌药、抗病毒中药、抗寄生虫、抗体等）、燃料费（煤炭、燃油）、水电费、维修费、垫料款、土地承包费、固定资产折旧、生活费、人工费、低值易耗品费、抓鸡费、检疫费等等。

③ 指标：总利润、单只利润（总利润/出栏毛只数）、成活率（出栏鸡数/进鸡数）、料肉比（饲料消耗/出栏毛鸡重量或胴体折合毛鸡重量）、总药费、单只药费（总药费/出栏毛鸡数）、单只水电费、单只人工费、单只固定资产折旧费、单只抓鸡费、单只检疫费、单只燃料费等等。

重点考察指标：成活率、药费、料肉比、单只出栏重。

④ 建档封存。

第四章　肉鸡的防疫与免疫

1. 安全养殖肉鸡有哪些特点？

（1）管理优化　标准化养鸡场采用全封闭化的养殖管理方式，这种管理方式既有利于疫情的有效控制，也能创造最优化的养殖环境，为安全生产提供保障。

（2）生产安全　标准化养鸡场采用现代化的生产设备，为生态养殖、绿色养殖提供了必要的硬件条件，便于肉鸡安全生产，有利于肉鸡产品安全。

（3）效益提升　标准化养鸡场设备自动化程度高，有利于节省人工成本、降低劳动强度，虽然一次性投资大，但设备使用寿命长，维护成本低，综合效益得到提升。另外，自动化养殖设备是规模化、现代化、信息化、标准化肉鸡养殖的必然选择。

（4）环境友好　合理的粪污处理系统，对改善环境提供了有利条件，彻底消除了传统小规模散养模式对环境带来的危害。

2. 肉鸡场场址选择有哪些要求？

（1）地理要求　养鸡场场址要符合当地土地利用发展规划和村镇建设发展规划要求，场区土壤质量符合土壤环境质量标准（GB 15618—1995）的规定。场址应地势高燥、排水良好且向阳背风，能承受建房的基础压力，透气性、透水性良好。在平原地区建场，场址应高于四周；靠近河流湖泊地区，应选择较高的地点；山区则要选择向阳的缓坡和谷地。选择养鸡场的土壤条件时，应当优先考虑壤土或者是砂壤土地区。选址时还应注意当地的气候变化条件，不能建在昼夜温差过大的山尖，不应建在通风不良、潮湿的山谷低洼地区，以半山腰区较为理想。要求附近无水泥厂、钢铁厂、化工厂等产生噪声和化学气味的工厂。

考虑到建设投入和运营成本，要求所选择地块基本上具备“三通一平”的条件（水通、路通、电通，地面平整），如果能同时具备有线网络和电视信号的地块则更好。另外要考虑所选地块的自然条件，适合花草、蔬菜和树木生长的地方优先考虑，这样有利于冬季保温，有利于四季通风，有利于光照和排水。地形应当保持开阔和整齐，整齐的地形有利于养鸡场中建筑物合理分布，如果场地狭长或者边角过多，则影响鸡场布局，在后期的生产中会增加防护投资。如果想扩大规模，还应留有发展的余地。

（2）*交通要求*　交通要方便，以便于雏鸡、饲料、垫料等物资的运进和出栏肉鸡以及粪便运出，但应远离铁路，交通要道、车辆来往频繁的地方，养鸡场和交通主干道的距离最好在 1 000 米以上，这样既能够满足防疫的需求，又可以满足鸡群运输及交易需求。标准化养鸡场与附近居民的居住地应当保持在 500 米以上，规模越大的养鸡场所需的距离越远，可以将距离保持在 1 500~2 000 米。

（3）*水源要求*　充足清洁的饮用水源，是进行肉鸡养殖生产的重要前提。肉鸡需要大量的清洁饮水，平时冲洗鸡舍、刷洗用具、喷雾消毒等都需要水，夏季防暑降温湿帘系统也需要水，养鸡场时时处处离不开水，必须有可靠、充足、方便的水源。远离城市供水系统的养鸡场，应自打水井并修建泵房、水塔（或压力罐）及管道系统，保证平时用水需要。养鸡场还应打好备用井，以备不时之需。

养鸡场水质要好，水质应澄清、无异味，水中细菌不可超标。饮用水的直观判断标准是：人能饮用，则可给鸡用；人不能饮用，则不能给鸡用。如果饮水中含盐含碱量偏高，就会引起肉鸡腹泻；如果细菌（如大肠杆菌）含量超标，就会引起肉鸡细菌性疾病，投用抗菌药效果不理想，既加大资金投入，又影响生长发育和鸡肉品质，从而影响食品安全。水源要丰富可靠，如夏季降温防暑湿帘大量用水，鸡也需要大量的清凉饮水，如果出现湿帘和肉鸡争水现象，水量不足以供给生产需要，后果就很麻烦，或者缺水应激，或者发生中暑，损失接踵而来。因此，养殖场必须有清洁、卫生、丰富的饮用水源。养鸡场水质应符合《生活饮用水卫生标准》(GB 5749—2006)要求。肉鸡饮用水可接受的最大矿物质浓度和细菌含量见表 4-1。

表 4-1 肉鸡饮用水可接受的最大矿物质浓度和细菌含量

物质种类	可接受的最大浓度
可溶性矿物总量	300~500 毫克 / 千克
氯化物	200 毫克 / 升
pH 值	6~8
硝酸盐	45 毫克 / 千克
硫酸盐	200 毫克 / 千克
铁	1 毫克 / 升
钙	75 毫克 / 升
铜	0.05 毫克 / 升
镁	30 毫克 / 升
锰	0.05 毫克 / 升
锌	5 毫克 / 升
铅	0.05 毫克 / 升
粪大肠杆菌数	0

(4)电力要求　标准化养殖场依靠先进的生产设备从事畜禽生产，而先进的生产设备处处离不开电，如风机、暖风炉、泵房(压力罐)、刮粪机、电脑环境控制仪等，一旦停电，所有的生产设备将会停止运转，短则造成停电应激，久则生产停止、事故频发，如：暖风炉停止工作，就会引起舍温下降；风机停转，会引起舍温升高、空气污浊；压力罐停止工作，整个鸡场就会出现缺水等。停电危害很大，轻则应激诱发疾病，如感冒；重则造成突发事故，如中暑。养殖过程中不可断电，要求供电必须可靠，必须配备适合本场的专用发电机或备用电源(如双线路供电或发电机等)，避免因断电而影响安全生产。

(5)防疫要求　养鸡场应距离生活饮用水源地、动物屠宰加工场所、动物和动物产品集贸市场 500 米以上；距离种畜禽场 1 000 米以上；距离动物诊疗场所 200 米以上；动物饲养场(饲养小区)之间距离不少于 500 米；距离动物隔离场所、无害化处理场所 3 000 米以上；距离城镇居民区、文化教育科研等人口集中区域及公路、铁路等主要交通干线500米以上。养鸡场场区周围应建有围墙；场区出入口处设置与门同宽的消毒池；生产区与生活办公区分开，并有隔离设施；生产区入口处设置更衣消毒室，各饲养栋舍出入口设置消毒池或者消毒垫；生产区内清洁道、污染道分设；生产区内各饲养栋舍之间距离在5米以上或者有隔离设施。鸡场舍栋间距应达到25米，病理解剖室应在养殖场主风向的下方，距离应达到200~500米，粪便发酵池应建在院墙外。

为保障安全生产、尽力减少对环境的损害，下列区域不应建场：水源保护区，风景旅游区，自然保护区，环境污染严重区，畜禽疫病常发区，山谷洼地等易受洪涝威胁的地段。

3．如何设计肉鸡场建设规模？

养鸡场建设规模要根据当地自然资源和自身资金条件决定，同时，还要考虑当地及周边地区市场对鸡肉需求状况、当地社会经济发展状况等因素，确定肉鸡养殖的发展规模。为了更有效地利用现代化的养殖设施和设备，一般每栋鸡舍按照1.5万~2万只养殖规模设计，每个养殖场6~10栋鸡舍都是可行的，也就是现代健康养殖的规模每个批次9万~20万只不等。规模太小，影响养殖和经营效益，规模太大，对于供雏、防疫、管理、出栏等都会造成很多不便和风险。有的人喜欢大规模养殖，到底多大规模才算大？不管规模多大，一个基本的原则就是能在3~4天能上完苗（这需要相当规模的种鸡场作为源头保障），同时也要求相当规模的屠宰厂作为配套资源，否则规模太大，进雏和出栏拖延时间很长，从生物安全的角度来讲，无疑会是一场灾难。另外，规模太大对免疫和管理也有很大的难度和不确定性。

规模设计在很大程度上受土地、资金、种苗、屠宰等资源和条件的严格限制，不能违背客观条件而盲目发展。国内有很多失败的例子，希望对发展规模养殖的朋友有所警戒和借鉴，毕竟规模养殖更要关注健康和风险。

当确定养殖规模以后，在选址时就要充分考虑基本养殖所需要的空间问题，如果考虑到绿化带和防护林甚至考虑到以后可能会扩大规模，也可以适当地多征用一些土地，这样做，至少在整体规划中不会受到为难。一般来讲，4 栋 30 亩（1 亩 ≈ 667 米^{2}）、6 栋 45 亩、8 栋 60 亩，是比较适宜的配套规划。根据一些养鸡场建场的经验，鸡舍一般要求长 120 米 × 宽 13 米，鸡舍间距在 10~15 米，如果不需要侧向通风，鸡舍间距在 2~4 米即可。为了降低建场投资和提高保温效果，可以建造联体鸡舍。考虑到净道和污道的出入方便，基本要求土地宽（一般要求东西向）至少 150 米，而长（一般为南北向）可以在 180~300 米。商品肉鸡场建设规模划分见表 4-2。

表 4-2　商品肉鸡场建设规模划分　（单位：只）

项目	中型规模鸡场	小型规模鸡场
商品肉鸡存栏量	10 000~50 000	4 000~10 000

场区占地总面积按每千只鸡需 200~300 米^{2} 计算。不同规模鸡场占地面积调整系数为：大型场 1.0，中型场 1.1~1.2，小型场 1.2~1.3。不同规模鸡场占地面积见表 4-3。

表 4-3　不同规模鸡场占地面积　（单位：万只、米^{2}）

饲养规模	占地面积	总建筑面积	生产建筑面积	辅助生产建筑	共用配套建筑	管理区建筑
100	65 000~108 800	14 700~27 440	13 400~25 700	430~640	870~1 100	860
50	34 800~57 000	7 940~12 440	6 800~10 900	360~540	780~960	590
10	10 600~13 500	2 660~3 530	1 370~2 230	240~340	540~660	300

4. 如何选择肉鸡饲养方式?

肉鸡的饲养方式主要分为平养和笼养两大类。平养，指肉鸡在一个平面上活动，又分为落地散养、网上平养和混合地面平养。笼养是肉鸡从育雏到出栏一直在笼内饲养，由于优点较多，目前规模化养鸡场已普遍推广使用。

（1）地面平养　肉鸡饲养期短，生产上较多利用地面平养这种形式，在地面铺设厚垫草，平时不清粪，出栏后一次性清除垫草和粪便。落地散养的优点是设备要求简单、投资少，平时不清粪便，劳动强度较小；缺点是饲养密度小，肉鸡经常接触粪便，不利于疾病防治。

（2）网上平养　网上平养鸡群平时不接触地面，肉鸡活动于金属或其他材料制作的网片上，也称全板条地面。肉鸡生活在板条上，粪便落到网下的地面上。网上平养的肉鸡不直接接触粪便，有利于疾病控制。

（3）笼养　肉鸡笼养具有增加饲养密度、减少饲料消耗、减少鸡白痢和球虫病、提高劳动效率、便于公母分群饲养等优点，且管理方便，能充分利用鸡舍空间。有的养鸡场采用 3 层或 4 层重叠笼养、全程规模化饲养方式，即从育雏第 1 天直到出栏都在笼内饲养，最大限度地提高鸡舍和土地的利用率，同时又方便饲养管理。

但笼养也有缺陷，即：一次性投资较大；易发生猝死综合征，影响肉鸡存活率；笼具底网较硬，肉鸡平时活动受限，胸囊肿出现的概率大，屠宰率低；淘汰鸡外观较差，骨骼较脆。

为避免肉鸡笼养的弊病又能充分利用笼养的优点，有的养鸡场对此加以改进后，采取“笼养 + 平养”的混合饲养管理方式，即在仔鸡 2~3 周龄内采用笼养方式，2~3 周龄以后放在地面上平养。这种饲养方式，前期有利于防疫，后期避免了胸部囊肿的发生，对安全生产和产品安全都有益处。但是比较麻烦。

5. 肉鸡场场区如何进行规划布局?

（1）建筑布置　现代养殖成功的保障在于环境控制和先进设备的自动化，如供暖系统（暖风炉 + 引风机 + 风道 + 水暖片）、通风降温系统（侧向风机 + 侧窗 + 纵向风机 + 湿帘和配套水循环系统）、供水系统（水井 + 备用水井或蓄水池 + 变频水泵 + 过滤器 + 加药器 + 自动乳头式饮水线）、供料系统（散装料车 + 散装贮料塔 + 主料线 + 副料线 + 料盘）、供电系统（高压线 + 变压器 + 相当功率的备用发电机组）、加湿系统（自动雾线或专用加湿器）、网上养殖（钢架床 + 塑料垫网或养殖专用塑料床）等。附属设施，如服务房（卫生间、淋浴间、宿舍、餐厅、仓库、办公室、兽医室、化验室、车库等）、污水处理池、粪便发酵处理池、病死鸡焚烧炉、鱼塘等，都要严格按照区位划分要求进行合理布局。

① 区位划分。建筑设施按生活与管理区、生产区、隔离区 3 个功能区布置，各功能区界限分明，联系方便。生活与管理区应选择在常年主导风向或侧风方向及地势较高处，隔离区应建在常年主导风向的下风向或侧风方向及地势较低处。区间保持 50 米以上距离。

生活与管理区包括工作人员的生活设施、办公设施、与外界接触密切的辅助生产设施（饲料库、车库等）；生产区内主要包括鸡舍内及有关生产辅助设施；隔离区包括兽医室、病死鸡焚烧处理、贮粪场和污水池。

生活区设有入场大门，生产区设有生产通道。场区大门口要设有保卫室和消毒池，并配备消毒器具和醒目的警示牌；消毒室内设有紫外线灯、消毒喷雾器和橡胶靴子，消毒池要有合适的深度并且长期盛有消毒水；警示牌要长期悬挂在入场大门上或大门两旁醒目的位置上，上写“养殖重地、禁止入内”字样，一切拟将入场的车辆、物品、人员，必须经允许并严格消毒后方可进入。生产区和生活区要有隔墙或建筑物将两区严格分开，生产区和生活区之间必须设置更衣室、消毒间和消毒池，供人员出入使用，出入生产区和生活区之间必须穿越消毒间和踩踏消毒池。生产通道供饲料运输车辆通行，设有消毒池，进入车辆必须经过严格消毒，生产通道禁止人员通行。

② 道路设置。场区间联系的主要干道为 5~6 米宽的中级路面，拐弯半径不小于 8 米。小区内与鸡舍或设施连接的支线道路，宽度以运输方便为宜。场内道路分净道和污道，两者严格分开，不得存在交叉，生产和排污各行其道、各走其门，不得混用。污道要设有露肩并且做好硬化处理，便于消毒和冲洗。

③ 围墙。考虑到投资比较大和实际意义不大，参照国外做法，现代化肉鸡养殖场可以不设围墙，而是考虑采用种植花椒树、蔷薇等植物代替围墙。当然，受当地民风的制约，有些地方兴建现代化养鸡场时，必须设置安全的围墙。

（2）配套设施

① 给水排水。场区内应用地下暗管排放养鸡场平时产生的污水，设明沟排放雨水和雪水。污水通道即下水道，要根据地势设有合理的坡度，保证污水排泄畅通，保证污水不流到下水道和污道以外的地方，防止出现无法消毒或消毒不彻底的区域而形成永久性污染源。管理区给水、排水按工业民用建筑有关规定执行。

② 供电。养鸡场电力负荷等级应为民用建筑供电等级三级。自备电源的供电容量不低于全场用电负荷的 1/4。

③ 场区绿化。养鸡场应对场区空旷地带进行绿化，绿化覆盖率不应低于 30%。场内空闲地，如生活区、鸡舍之间、生产路两旁等处空闲的区域，可以栽植经济苗木，如速生杨、梧桐树、法桐等，既作为经济树种，又能遮挡风沙，还可改善局部小气候，成为养鸡场内天然的氧吧；也可以栽植冬青、小松柏、月季花等绿化苗木，并修剪整齐。养殖场周围可以栽植花椒、钩菊等苗木代替围墙。

鸡舍两头的空闲区域，也应该充分考虑绿化。鸡舍近端（净道），可设置 10 米左右的防护林带，这样做，有利于养鸡场空气净化，也有利于夏季空气降温；鸡舍远端（污道），应预留 15 米左右的防护林带，否则，纵向通风抽出的污浊空气和粉尘，会影响到周围农田庄稼、蔬菜和果树的生长和产品质量，甚至与土地种植者引起不必要的纷争。

生活区的绿化品种主要是花树、花草、草莓、葡萄等。养鸡场内生活区周围会有面积比较大的空闲地，可以开垦种植一些时令的蔬菜和瓜果，既能自给自足、改善员工生活，又有利于提供绿色安全食品。有效规划利用，养殖场内的工作人员一年四季可以不用外出买菜，这样也减少了与外界接触和污染的机会，对安全生产十分有利。

④ 场区环境保护。新建鸡场必须进行环境评估，确保鸡场不污染周围环境，周围环境也不污染鸡场环境。养鸡场要采用污染物减量化、无害化、资源化处理的生产工艺和设备，锅炉应选用高效、低阻、节能、消烟、除尘的配套设备；污水处理能力以建场规模计算和设计，污水经处理后的排放标准应符合 GB 8978 或 GB 14554 的要求，污水沉淀池要设在远离生产区、背风、隐蔽的地方，防止对场区内造成不必要的污染；鸡粪应在隔离区集中处理，可采用脱水干燥或堆积

发酵设施，处理的堆肥和粪便符合 GB 7959 的要求后方可运出场外；死鸡处理区要设有焚尸炉，用来焚烧病死鸡只和疫苗包装垃圾。

土建以后定点取土的地方，经过处理后建设成鱼塘，栽藕养鱼，同时也利于净化后冲刷鸡舍的污水排放。

⑤ 场内消防。应采取经济合理、安全可靠的消防措施，按 GBJ 39 的规定执行。消防道路可利用场内道路，紧急情况时应能与场外公路相通。采用生产、生活和消防合一的给水设施。

6. 如何选择鸡舍建筑类型？

判断鸡舍好与不好的一个重要标准，就是看是否有利于饲养环境的控制。好的鸡舍便于饲养环境的掌控。环境控制的重点是温度、湿度、通风、密度。如：鸡舍保温性能好，温度就便于掌控，而且节省燃料费用，降低饲养成本，夏季也便于高温的控制。再如：鸡舍通风条件好，既能及时排出舍内有害气体，保证舍内空气质量，同时又不影响温度的掌控，且不会因通风不当而造成感冒或诱发呼吸道疾病。

（1）封闭式鸡舍　即无窗鸡舍。鸡舍无窗（可设应急窗），完全采用人工光照和机械通风。这样的鸡舍有很多优势，如：鸡群不受外界环境因素的影响，生产不受季节限制；可通过人工光照控制性成熟和产蛋；可切断疾病的自然传播；节约用地。但封闭式鸡舍对电的依赖性极强；鸡舍造价高；防疫体系要求严格，对水电要求严格，管理水平要求也高。我国北方地区一些大型工厂化养鸡场往往采用这种类型的鸡舍。

（2）开放式鸡舍　鸡舍设有窗洞或通风带，不供暖，靠太阳能和鸡体散发的热能维持舍内温度；平时以自然通风为主，必要时辅以机械通风；采用自然光照辅以人工光照。开放式鸡舍防热容易保温难，基建投资运行费用少。鸡容易受外界环境的影响和病原的侵袭，防疫难度较大。我国南方地区一些中小型养鸡场或家庭式养鸡专业户往往采用开放式鸡舍。

（3）有窗可封闭式鸡舍　这种鸡舍在南北两侧壁设窗户作为进风口，通过开窗机来调节窗户的开启程度。在气候温和的季节，主要依靠自然通风；在气候不利时，则关闭南北两侧大窗，开启一侧山墙的进风口，并开动另一侧山墙上的风机进行纵向通风。有窗可封闭式鸡舍兼具开放鸡舍与封闭鸡舍的双重功能，但这种鸡舍对窗户的密闭性能要求较高，最忌机械通风时出现短路现象。我国中部甚至华北的一些地区可采用这类鸡舍。

根据我国的气候特点，一些畜牧工程专家以1月份平均气温为主要依据，以保证冬季各地区鸡舍内的温度不低于10℃为基本目标，建议将我国的鸡舍建筑分为5个气候区域：Ⅰ区为严寒区，1月份平均气温在－15℃以下；Ⅱ区是寒冷区，－15~5℃；Ⅰ区和Ⅱ区可采用封闭式鸡舍。Ⅲ区为冬冷夏凉区，－5~0℃；Ⅳ区为冬冷夏热区，0~5℃；Ⅲ区和Ⅳ区可采用有窗可封闭式鸡舍。Ⅴ区为炎热区，5℃以上，可采用开放式鸡舍。

7. 鸡舍建造要考虑哪些环境参数?

（1）通风换气　鸡舍通风功能的衡量标准，主要体现在3个方面，即气流速度、换气量和有害气体含量。鸡舍通风换气量应按夏季最大需要量计算，每千克体重平均为4~5米^3/小时，鸡体周围气流速度为1~1.5米^3/秒，有害气体最大允许量，氨为20克/米^3，硫化氢为10克/米^3，二氧化碳为0.15%。鸡舍的通风换气有着较复杂的形式和设计。按引起气流运动的动力不同，可分为自然通风和机械通风两种。

（2）光照　严格地说，不同日龄的肉鸡群，光照时间要求也有所不同，但具体要求并不是严格，以能看清饮水和采食为基本标准。肉鸡光照的主要目的，还是防止产生停电应激。一般地，出壳3天内光照强度应以10~20勒克斯为宜，其余时间以5勒克斯。鸡舍面积4瓦/米^{2}的照明即相当于10勒克斯的照度。

（3）防寒保暖　鸡舍气温对鸡的健康和生产力影响最大。对防寒保暖来说，鸡舍内温度设计参数应按各地区冬季1月份的舍外平均气温计算。肉鸡舍要求保温性能好。

（4）隔热防暑　大部分墙体和屋顶须采用隔热材料或装置，尤其是屋顶部分，因为这是热交换的主要区域。

（5）饲养密度　饲养密度与鸡舍环境有密切关系，它对舍内温度、湿度情况和光照、通风的效果等因素都有影响。饲养密度取决于肉鸡的饲养工艺和饲养方式。

8. 对商品肉鸡舍建筑设计与施工有什么要求？

（1）土建

① 图纸设计。在同行业肉鸡养殖场建筑设计的基础上，结合使用情况并参照发达国家的设计模式修正，按照建筑行业的设计规范和付费标准，在专业建筑设计人员的参与下绘制施工图纸。图纸要简单明了，能让建筑施工单位一目了然，避免由于看错了图纸而导致不必要的麻烦，国内很多大的一条龙企业都有这方面的经验。

② 建筑招标与合同。根据图纸要求和预算，对建筑施工队进行招标，在工期紧张的情况下可考虑分段招标，让多个建筑队同时进入，以免遇上阴雨天气而延误工期。招标采用公开透明的做法，同时对建筑队的资质和信誉进行考察，中标单位要签订建筑施工合同和相关补充协议。

建筑施工阶段如有变更的地方，经双方确认后，要签订建筑施工变更协议或补充规定，以免发生不必要的纠纷。

多页合同文本，要在文本边缘盖骑封章，以免单方面更改内容导致说不清的纠纷。

③ 建筑材料把关。根据建场的实际需要与当地原材料的供应情况，指定建筑施工所需要的主要材料。

④ 施工进度。不考虑天气原因，一般要求土建施工为20~30天，可根据建设规模确定建筑队和施工人数，工期拖延势必会导致开办费用的增高。

⑤ 付款进度。在建筑施工过程中，施工队要垫付部分原料款，可以根据施工进度随时协议付款，也可以分3~4次付清。

⑥ 工程验收与质保金。土建结束后，要重点验收门口、窗口、风机口是否符合规定尺寸，各类图纸上标明的管线出入口和下水管道出口是否符合要求，舍内地面混凝土的厚度、水泥标号是否符合建筑标准等。施工中有建筑施工质量监督员，就很容易验收，能避免很多麻烦和质量事故。验收完毕，预留5%的质保金，一般在一年后结

清，个别情况下可以充当维修费使用。

（2）*房顶*　很多时候，房顶的施工是和土建结合在一起的（因为房顶施工中，很多预埋件都是在土建中完成的，二者的衔接要在合同中有明确的规定）；有时也可以由专业建筑施工队承担，相关的手续和流程基本上和土建施工相似。

屋顶形式主要有单坡式、双坡式、平顶式、钟楼式、半钟楼式、拱顶式等。单坡式一般用于跨度4~6米的鸡舍，双坡式一般用于跨度8~9米的鸡舍，钟楼式一般用于自然通风较好的鸡舍。屋顶除要求不透水、不透风、有一定的承重能力外，对保温隔热要求更高。

① 钢结构。按照图纸的设计要求，对钢管、钢筋、预埋件、电焊条、防锈处理等进行严格的要求和监督，特别是在施工过程中，对焊接点的要求和处理标准来不得半点马虎，预埋件的规格、尺寸、间隔等要标示清楚并能准确施工。

② 保温板。保温板的规格和型号很多，根据养殖对保温隔热的要求，不仅对保温板的厚度有要求（7.5~15厘米），同时对保温板的密度也有要求（12~16千克/米^3），同时为了减少保温板之间的缝隙，建议选用大尺寸的材料，具体方案受地域气候特点和保温需要的影响，要因地制宜而不能搞一刀切。

③ 防水材料。防水材料是鸡舍顶部最外面的一层，要求防水、防晒、抗老化、耐低温（山东地区一般选用负10号的防水材料，在东北地区用更耐低温的型号），防水材料的厚度一般要求3~5厘米。质保期根据厂家的约定具体签定质保协议。现在还流行一种防水处理方法，就是在保温板之外用玻璃丝棉固定、外层是无纺布（用钢丝或竹竿压实拉紧），在无纺布上喷一层水泥胶（水泥+胶）。

④ 天棚。天棚的作用主要是加强鸡舍屋顶的保温隔热能力，天棚必须具备保温、隔热、不透水、不透气、坚固、耐久、防潮、光滑，结构严密、轻便、简单且造价便宜的特点。为了提高鸡舍顶部保温隔热的性能和更好地保护顶部的钢架结构不受腐蚀，在鸡舍内用一面是塑料压膜的编织袋吊制顶棚很成功。天棚除了上述作用外，还能增加鸡舍内部的有效通风空间，改善舍内的通风换气效果。天棚结构会影响到通风效果。

有的养鸡场在房顶建造完成以后，直接对保温板的缝隙进行内喷涂处理，通过发泡处理包埋棚顶缝隙和钢构，真正做到浑然一体和保温防腐，效果良好。

⑤ 防风处理。除了对防水材料进行严格的热处理粘合外，还要用钢丝等封压四周和顶部，以免局部开裂而被大风吹开，造成不必要的麻烦和意想不到的损失，必要时可以用钢丝结合膨胀螺栓固定防水材料。

（3）网架

① 支架。多用角钢焊接，也有采用水泥檩条、竹竿、方木等做支架的。

② 床面。可用10~12号的钢筋焊接而成；也可用16~18号的冷拔钢丝拉扯而成；使用竹排床面（双面刨光）或木头床面（双面刨光）等均可。要因地制宜、就地取材，做到使用方便、价格便宜即可。

③ 垫网。要用网孔大小适中、富有弹性的塑料垫网。当床面致密的时候，垫网的网孔适当大一些（一般不超过2厘米 ×2厘米）；当床面稀疏的时候，垫网的网孔适当小一些（1.5厘米 ×1.5厘米）。合适的网孔，既适合肉鸡生长发育，又有利于粪便漏下。

④ 供电线路设置。根据设备厂家的要求，对能提前预留的线路管道，最好在施工时就做预埋或穿管处理，以免在线路铺设时频繁挖掘或打洞而耗费时间和精力，甚至留下安全隐患。

（4）供水管道设置　包括进水口、出水口、下水道以及管道接口的处理都要准确无误（位置、尺寸等），确保后续设备安装过程中不会因为使用不便和漏水而再次破坏土建工程。

（5）其他部位设计与建构

① 基础。基础是养鸡场建筑物的地下部分，基础下面承受荷载的那部分土层就是地基。地基和基础共同保证鸡舍的坚固、防潮、抗震、抗冻和安全。

② 墙。墙对舍内温湿状况的保持起重要作用，养鸡场鸡舍墙壁要求有一定的厚度、高度，还应具备坚固、耐久、抗震、耐水、防火、抗冻、结构简单、便于清扫和消毒等基本特点。墙壁厚度一般为

24 或 36 厘米。

③ 地面。养鸡场地面要求光、平、滑、燥，有一定的坡度，设排水沟，有适当面积的过道，具有良好的承载笼具设备的能力，便于清扫消毒、防水和耐久。

④ 门窗。门的位置、数量、大小应根据鸡群特点、饲养方式、饲养设备等因素而定。门的设置要方便，一般在鸡舍南面，单扇门高 2 米，宽 1 米，双扇门高 2 米，宽 1.6 米。窗户在设计时应考虑到采光系数，成年鸡舍的采光系数一般应为 1∶（10~12），雏鸡舍则应为 1∶（7~9）。寒冷地区的鸡舍，在基本满足采光和夏季通风要求的前提下，窗户的数量应尽量少，窗户也尽量小。大型工厂化养鸡场，常采用封闭式鸡舍即无窗鸡舍，舍内的通风换气和采光照明完全由人工控制，但需要设一些应急窗，在发生意外（如停电、风机故障或失火时）作为应急使用。目前，我国比较流行的简易节能开放性鸡舍，在鸡舍的南北墙上设有大型多功能玻璃钢通风窗，形若一面可以开关的半透明墙体，这种窗户具备了墙和窗的双重功能。

9. 肉鸡饮水如何消毒？

饮水是鸡群疾病传播的一个重要途径。病鸡可通过饮水系统将致病的病毒或细菌传给健康的鸡，从而引发呼吸系统、消化系统疾病。如果在饮水中加入适量的消毒药物可以杀死水中带有的细菌和病毒。饮水消毒主要可控制大肠杆菌、沙门氏菌、葡萄球菌、支原体及一些病毒性病原微生物。同时对控制饮水系统中的黏液细菌也极为有效。

饮水消毒可以选择的消毒剂很多，常用的有氯制剂、复合季铵盐类等。消毒药可以直接加入蓄水池或水箱中，用药量应以最远端饮水器或水槽中的有效浓度达到该类消毒药的最适饮水浓度为宜。

饮水消毒时还要注意，高浓度的氯可引起鸡腹泻，生产力下降，尤其在雏鸡阶段不能用超过 10×10^{-6} 的氯制剂饮水。氯对霉菌无作用，如果鸡只发生嗉囊霉菌病时，需在水中加碘消毒，浓度为 12×10^{-6}。同时，在饮水免疫、滴口免疫及喷雾免疫的前后 2 天，或饮水中加入其他有配伍禁忌的药物时，应暂停饮水消毒。此外，饮水消毒在整个饲养期不应间断。

10. 什么是喷雾消毒法?

喷雾消毒是指用化学消毒药物按规定比例稀释，装入喷雾器内，对鸡舍四壁、地面、饲槽、圈舍周围地面、运动场以及活禽交易市场、鸡体表面、运载车辆等进行的消毒。常用于带鸡消毒和净舍消毒。

喷雾消毒时，必须准确把握消毒液的浓度，保证消毒液的用量并彻底喷雾到各处，不留死角，均匀喷雾；使用多种消毒液并经常更换，但不可同时混用；尽量用较热的溶剂溶解消毒药品，彻底溶解消毒药物能提高消毒效果。

11. 怎样进行熏蒸消毒?

熏蒸消毒法是对特定可封闭空间及内部进行表面消毒所使用的方法。它是利用福尔马林（40% 的甲醛溶液）与高锰酸钾发生化学反应，快速释放出甲醛气体，经过一定时间杀死病原微生物，消毒效果理想。熏蒸消毒最大的优点是熏蒸药物能均匀地分布到禽舍的各个角落，消毒全面彻底，省时省力，特别适用于禽舍内空气污染的消毒。甲醛能使菌体蛋白质变性凝固和溶解菌体类脂，可以杀灭物体表面和空气中的细菌繁殖体、芽孢下真菌和病毒。

（1）操作方法

① 熏蒸前的准备工作。

密闭鸡舍：熏蒸消毒的鸡舍必须冲洗干净，除熏蒸人员出入的门以外，其余门窗都应关闭封好，保证鸡舍的密闭性。

药品配合：福尔马林（40% 的甲醛溶液）28 毫升 / 米 ^{3} 空间，高锰酸钾 14 克 / 米 ^{3} 空间，水 10 毫升 / 米 ^{3} 空间。若为刚发过病的鸡舍，可用 3 倍的消毒浓度，即每立方米空间用福尔马林 42 毫升，高锰酸钾 21 克。

熏蒸器具：足够深、足够容积的耐热容器。

药品的分装和放置：根据鸡舍的长度、药品的数量、容器的数量分成几组，每组保持一定间隔，均匀排放，每组药品数量一致，高锰酸钾和福尔马林的比例为 1：2，并对应放置好。

鸡舍温度和湿度：福尔马林熏蒸要求适宜的温度为25℃，湿度60%~70%，在冬季进行熏蒸消毒时，应对鸡舍提前预温，并洒水提高湿度。

② 熏蒸时的操作。将熏蒸人员分成几组，依次从舍内至门口排列好，在倒福尔马林时应严格按照从舍内向门口的顺序依次倒入高锰酸钾中，下一组人员应在第一组人员撤到他身后时开始操作，倒完后迅速撤离，在最后一组倒完后，迅速关闭鸡舍门，并封严。

③ 熏蒸时间。建议时间不低于48小时，48小时后打开门窗通风，降低舍内甲醛气味，待气味消除后准备进雏。

（2）熏蒸消毒注意事项

① 禽舍要密闭完好。甲醛气体含量越高，消毒效果越好。为了防止气体逸出舍外，在禽舍熏蒸消毒前，要检查密闭性，对门窗无玻璃或不全者装上玻璃，若有缝隙，应贴上塑料布、报纸或胶带等，以防漏气。

② 盛放药液的容器要耐腐蚀、体积大。高锰酸钾和福尔马林具有腐蚀性，混合后反应剧烈，释放热量，一般可持续10~30分钟，因此，盛放药品的容器应足够大，并耐腐蚀。

③ 配合其他消毒方法。甲醛只能消毒物体表面，所以在熏蒸消毒之前应进行机械性清除和喷洒消毒，消毒效果会更好。

④ 提供较高的温度和湿度。一般舍温不应低于18℃，相对湿度以60%~80%为好，不宜低于60%。当舍温在26℃，相对湿度在80%以上时，消毒效果最好。

⑤ 药物的剂量、浓度和比例要合适。福尔马林毫升数与高锰酸钾克数之比为2∶1。一般按福尔马林30毫升/米^3、高锰酸钾15克/米^{3}和常水15毫升/米^{3}计算用量。

⑥ 消毒方法适当，确保人畜安全。操作时，先将水倒入陶瓷或搪瓷容器内，然后加入高锰酸钾，搅拌均匀，再加入福尔马林，人即离开，密闭禽舍。用于熏蒸的容器应尽量靠近门，以便操作人员能迅速撤离。操作人员要避免甲醛与皮肤接触，消毒时必须空舍。

⑦ 维持一定的消毒时间。要求熏蒸消毒24小时以上，如不急用可密闭2周。

⑧ 熏蒸消毒后逸散气体。消毒后禽舍内甲醛气味较浓、有刺激性，因此，要打开禽舍门窗，通风换气2天以上，等甲醛气体完全逸散后再使用。如急需使用时，可用氨气中和甲醛，按空间用氯化铵5克/米^3、生石灰10克/米^3、75℃热水10毫升/米^3，混合后放入容器内，即可放出氨气（也可用氨水来代替，用量按25%氨水15毫升/米^{3}计算）。30分钟后打开禽舍门窗，通风30~60分钟后即可进禽。

12. 怎样使用浸泡消毒法？

浸泡消毒法指将待消毒物品全部浸没于规定药物、规定浓度的消毒剂溶液内，或将被病原污染的动物浸泡于规定药物、规定浓度的消毒剂溶液内，按规定时间浸泡，以杀灭其表面附着的病原体的方法，适用于种蛋、蛋托、棚架、手术器械等消毒。

对导管类物品应使管腔内同时充满消毒剂溶液。消毒或灭菌至要求的作用时间，应及时取出消毒物品用清水或无菌水清洗，去除残留消毒剂。对污染有病原微生物的物品应先浸泡消毒，清洗干净，再消毒或灭菌处理；对仅沾染污物的物品应清洗去污垢，再浸泡消毒或灭菌处理；使用可连续浸泡消毒的消毒液时，消毒物品或器械应洗净沥干后再放入消毒液。

13. 生物发酵消毒法主要用于什么消毒？

生物消毒法适用于粪便、污水和其他废弃物的无害化处理，常用发酵池法和堆粪法。

发酵池法适用于养殖场稀粪便的发酵处理。根据粪便的多少，用砖或水泥砌成圆形或方形的池子，要求距离养殖场200米以外，远离居民、河流、水源等地方。池底要夯实、铺砖、抹灰，不漏水、不透风。先在池底放一层干粪，将每天清理的粪便污物等倒入池内。快满时在表面盖一层干粪或杂草，再封上泥土，盖上盖板，以利于发酵和保持卫生。根据季节，经1~3个月发酵即可出粪清池。此间可两个或多个发酵池轮换使用。

堆粪法适用于干固粪便的发酵消毒处理。要求距离养殖场200米以外，远离居民、河流、水源等的地方设立堆粪场，在地面挖一浅沟，深20厘米左右，宽1.5~2米，长度不限，依据粪便量而定。先在底部放一层干粪，将清理的粪便污物等堆积起来。堆到1~1.5米高时，在表面盖一层干粪或稻草，并使整个粪堆干湿适当，便于发酵，再封上10厘米厚的泥土，密封发酵。夏季经2个月、冬季经3个月以上的发酵即可出粪清坑。

14．肉鸡场怎样进行带鸡消毒？

带鸡消毒就是在鸡群日常饲养过程中，使用浓度适当、灭菌高效、刺激性弱的消毒药液对鸡舍内环境进行的一种消毒工作。

（1）带鸡消毒的操作方法

① 消毒前准备。带鸡消毒前一定要清扫舍内卫生，才能发挥理想的消毒效果。环境过脏，存在的粉尘、粪污等污染物将会大量消耗消毒液中的有效消毒成分，减少消毒药的药效。

② 消毒液的配制。消毒药的用量按相关使用说明的推荐浓度与需配制的消毒药液量计算，用水量根据鸡舍的空间大小估算。不同季节，消毒用水量应灵活掌握，一般每立方米需要50~100毫升水，天气炎热干燥时用量应偏大，按上限计算；天气寒冷或舍内环境较好时用量偏少，按下限计算。

③ 消毒顺序。带鸡消毒按照从上至下，从进风口到排风口的顺序，从上至下即从房梁、墙壁到笼架，再到地面消毒；从进风口到排风口，即顺着空气流动的方向消毒。重点对通风口和通风死角严格消毒，此处容易被污染，又不易清除，是控制传染源的关键部位。

④ 消毒时间。每天的11:00—15:00气温高时适合带鸡消毒。要具体结合舍温情况，灵活掌握消毒时间，舍温高时，放慢消毒速度、延长消毒时间，发挥防暑降温作用；舍温低时，加快消毒速度、缩短消毒时间，减小对鸡只的冷应激。

⑤ 消毒方法。消毒降尘时，水雾应喷洒在距离顶笼鸡只1米处，消毒液均匀落在笼具、鸡只体表和地面，鸡只羽毛微湿即可；消毒物品时，可直接喷洒，如地面、墙壁、房梁、饮水管与通风小窗，注意不能直接对鸡只和带电设备喷洒。消毒后应增加通风，以降低湿度，特别在闷热的夏季更有必要。

⑥ 消毒频率。雏鸡自身抵抗力差，每天需要带鸡消毒 2 次；育成鸡和蛋鸡根据舍内环境污染程度，每天或隔天消毒 1 次。在用活苗免疫前后 24 小时之内禁止带鸡消毒，否则会影响免疫效果。

（2）注意事项

① 消毒药的选用。带鸡消毒的药物应选择对人和鸡无害、刺激性小、易溶于水、杀菌或杀毒效果好、对物品和设备无腐蚀或腐蚀小的消毒药。一般至少选择 2~3 种消毒药轮换使用。常用的消毒药有季铵盐类、碘制剂和络合醛类。每种消毒药的特点各不相同，季铵盐类属阳离子表面活性剂，主要作用于细菌；碘制剂利用其氧化能力杀灭病毒的作用较强；络合醛类可凝固菌体蛋白，对细菌、病毒均有较好的作用。

在日常消毒时，几种消毒剂应交替使用，如长效抑菌和快速杀菌的交替、对细菌敏感和对病毒敏感的交替。因为长期使用一种消毒剂会使某些细菌出现耐药性，交替使用可使每种消毒剂优势互补。

② 消毒液的配制。消毒药要完全溶于水并混合均匀，粉剂和乳剂可将药物先溶解好再加水稀释。每种消毒药都有其发挥功效的最佳浓度范围，并非药物浓度越大，消毒效果越好，超出规定范围，一则消毒效率下降，二则浪费药物投入，三则超出对鸡群和人体无害的安全浓度。所以浓度配比要科学合理，要按照生产厂家推荐的浓度使用，有条件的养殖场也可通过试验确定合适的使用浓度。

消毒液要现用现配，不能提前配好，也不能剩下留用，防止消毒药液在放置的过程中药效下降。消毒前，应一次性将所需的消毒液全部兑好，药液不够时暂停消毒，重新配制，严禁一边加水一边消毒，这样会造成消毒药浓度不均匀，影响消毒效果。

③ 消毒用水的温度控制。在一定范围内，消毒药的杀菌力与温度成正比，夏季消毒效果比冬季稍好。消毒液温度每提高 10℃，杀菌能力约增加 1 倍，所以配制消毒液时最好用温水，温度增高，杀菌效果增加，特别是舍温较低的冬季，但是水温最高不能超过 45℃。

总之，带鸡消毒是日常饲养工作的重要组成部分，应长期坚持，不能时有时无、时紧时松。通过长期不懈的坚持，可以减少鸡群各种疾病的发生，保证鸡群健康。

15. 鸡舍怎样消毒?

（1）空鸡舍消毒　鸡舍会受到不同程度的污染，鸡群转出或淘汰后，需要加强空舍期间管理，以减少、杀灭舍内潜在的细菌、病毒和寄生虫，隔断上下批次间病原微生物传播，为转入鸡群及周边鸡群提供安全的环境，在空舍时间（最少要达20天）保证基础上，重点要做好鸡舍清理、冲洗、消毒等关键环节管理。

① 鸡舍清理管理。鸡舍清理的时间宜早，一般在上批鸡转出或淘汰后2天内开始。将料塔、饲料储存间及料槽清理干净，以避免饲料浪费。将鸡舍内的鸡粪清出舍外，保证冲洗效果。按照从上到下的原则清扫屋顶、坨架、房梁、墙壁、风机、进风口、排风口等处的尘土、蜘蛛网。

清扫饮水系统（如饮水管、减压阀）、供电系统（配电箱、开关、电线）、笼具等设备设施。

对舍内的风机、电器设备控制开关、闸盒等进行包裹或做其他保护。

鸡舍整理时尽量不要将设施和物品移出舍外，要在舍内进行统一整理、冲洗和消毒。如设施或物品必须移出，则在移出前进行严格的清扫和消毒，以防止细菌或病毒污染其他区域。

② 鸡舍冲洗管理。鸡舍整理完毕后2~3天可冲洗鸡舍。冲洗时按照先上后下、先里后外的原则，保证冲洗效果和工作效率，同时还可以节约成本。冲洗的顺序为：顶棚、笼架、料槽、粪板、进风口、墙壁、地面、储料间、休息室、操作间、粪沟，防止已经冲洗好的区域被再度污染，墙角、粪沟等角落是冲洗的重点，避免形成“死角”；冲洗的废水通过鸡舍后部排出舍外并及时清理或发酵处理，防止其对场区和鸡舍环境造成污染。

对饮水管与笼具接触处、线槽、料槽、电机、风机等冲洗不到或不易冲洗的部位进行擦洗。进入鸡舍的人员必须穿干净工作服、工作鞋；擦洗时使用清洁水源和干净抹布；及时清洗抹布；洗抹布的污水不能在鸡舍内排放或泼洒，要集中到鸡舍外排放。

冲洗整理完毕后，检查工作效果，储料间、鸡笼、粪板、粪沟、设备的控制开关、闸盒、排风口等部位均要进行检查（每个部位至少取5个点以上），保证无残留饲料、鸡粪及鸡毛等污物。对于冲洗不合格的，应立即组织重新冲洗并再次检查，直到符合要求。

③ 鸡舍消毒管理。将水管拆卸下来，放出残余的水并用高压水枪冲洗，冲洗水箱等应用清洁球或海绵擦洗，待全部擦洗干净后用1%~2%稀盐酸水溶液充满水线，浸泡24小时，放出浸泡液后冲洗干燥。

火焰消毒：鸡舍冲洗干燥后进行，主要对笼具、地面等耐高温部位进行，目的是杀灭各种微生物及虫卵。

喷洒消毒：在火焰消毒的当天或第2天，舍外墙壁用白灰喷洒消毒，舍内屋顶、地面、笼具及设备，用季铵盐类、络合醛类等消毒液全面喷洒消毒。特殊情况下，可用驱虫药物喷洒，消灭舍内残留的寄生虫和虫卵。

熏蒸消毒：在喷洒消毒当天进行，消毒前将所需物及工具移入，将鸡舍的进出风口、门窗、风机等封严，用甲醛熏蒸，保证熏蒸时间在24小时以上，进鸡前1~3天可进行通风换气并对熏蒸的残留药品清理和冲洗。

为确认消毒效果，可以监测微生物，如不能达到要求，需要重新消毒鸡舍。

（2）育雏舍和雏鸡舍消毒　首先要彻底清扫，将鸡粪、污物、蛛网等铲除，清扫干净。屋顶、墙壁、地面用水反复冲洗，待干燥后，喷洒消毒药和杀虫剂，烟道消毒（可用3%克辽林）后，再用10%的生石灰乳刷白，有条件可用酒精喷灯对墙缝及角落进行火焰消毒。

密封性能较好的育雏舍，在进鸡前3~5天用福尔马林溶液进行熏蒸消毒。熏蒸前窗户、门缝要密封好，堵住通风口。洗刷干净的育雏用具、饮水器、料槽（桶）等全部放进育雏舍一起熏蒸消毒。熏蒸24~48小时后打开门窗，排出剩余的甲醛气体后再进雏。

通常不提倡对雏鸡进行熏蒸消毒，但在发生脐炎、白痢杆菌病等疫病的鸡场，可实施熏蒸消毒。

如时间仓促，可在喷洒消毒剂后结合紫外线灯照射消毒1~2小时。进雏后每天清扫地面1~2次，并喷洒消毒剂，10日龄后参照带鸡消毒。

（3）*鸡舍外环境消毒*　对鸡舍外的院落、道路和某些死角，每周进行 1~2 次消毒，易在早、晚进行。消毒剂可使用烧碱、漂白粉或 84 消毒液等。

先彻底清扫院落和道路上的垃圾、污物，再用喷雾器喷洒消毒剂。

（4）*发病鸡舍的消毒*　在有病鸡的鸡舍内，消毒工作十分重要，但是不可与普通鸡舍的消毒程序一致，有效的消毒方法如下。

可移动的设备和用具先消毒，再移到舍外日晒；鸡舍封闭，禁止无关人员进入；垫料用强消毒液喷洒，整个区域不能与其他鸡接触；将垫料移到舍外烧或埋，不能与鸡群接触。

16. 车辆怎样消毒？

运输饲料、产品等车辆，是鸡场经常出入的运输工具。这类车辆与出入的人员比较，不但面积大，而且所携带的病原微生物也多，因此更有必要消毒车辆。为了便于消毒，大、中型养鸡场可在大门口设置与门同等宽的自动化喷雾消毒装置。小型鸡场设喷雾消毒器，对出入车辆的车身和底盘喷雾。消毒槽（池）内铺草垫浸以消毒液，供车辆通过时消毒轮胎。有的在门口撒干石灰，是起不到消毒作用的。

车辆消毒应选用对车体涂层和金属部件无损伤的消毒剂，具有强酸性的消毒剂不适合用于车辆消毒。消毒槽（池）的消毒剂，最好选用耐有机物、耐日光、不易挥发、杀菌谱广、杀菌力强的消毒剂，并按时更换，以保持消毒效果。车辆消毒一般可使用博灭特、百毒杀、强力消毒王、优氯净、过氧乙酸、苛性钠、抗毒威及农福等。

17. 场区环境怎样消毒？

① 场区环境消毒用 3% 火碱水，朝地面喷洒，应保证半小时不干。

② 场内环境消毒上鸡前进行一次彻底消毒。

③ 从 1 日龄算起，环境消毒每周一次，春、秋、冬三季在白天

进行，夏季在早 7:00 以前，晚 6:00 以后进行。场内若有疫情，消毒应每天一次。

④ 消毒要全面彻底，不准留有死角，尤其是风机周围重点消毒，用火碱水喷洒时不要喷在屋顶、料塔等易被腐蚀的地方。

⑤ 消毒完后，应用消毒机器打一段时间（5~10 分钟）的清水将机器内的消毒液冲刷干净。

⑥ 每天背喷雾器对操作间、舍门口周围、风口、风机百叶窗及周围用 1∶500 菌毒杀，早 6:00，下午 4:00 各消毒一次。

18. 怎样管理肉鸡场内的消毒?

在鸡场门口，设置紫外线杀菌室、消毒池（槽）和消毒通道。消毒池要有足够的深度和宽度，至少能够浸没半个车轮，并且能在消毒池里转过 2 圈，并经常更换池内的消毒液，以便对进出人员和车辆实施严格的消毒。除了不能淋湿的物品（如饲料），所有车辆要经过消毒通道进出鸡场。

19. 什么叫免疫接种?

肉鸡免疫接种是用人工方法将免疫原（刺激机体的免疫活性细胞产生免疫应答的能力）或免疫效应物质输入到肉鸡体内，从而使肉鸡机体产生特异性抗体（机体在抗原刺激下，由 B 细胞分化成的浆细胞所产生的，可与相应抗原发生特异性结合反应的免疫球蛋白），使对某一种病原微生物易感的肉鸡变为对该病原微生物具有抵抗力，从而帮助它们建立适合的防御体系，避免疫病的发生和流行。

免疫接种是预防和控制肉鸡传染病的一项极其重要的措施，将会产生一定的免疫反应，在接种后的数天内，鸡会出现轻度的病态。由此产生的应激会阻碍鸡的生长发育，因此只有健康的鸡才能免疫接种。这意味着活苗免疫要等到鸡群从上一次免疫接种反应完全康复后才能进行。一般，免疫接种反应会在 14 天内消失。在每次免疫接种前，要检查鸡群是否健康和是否适合做免疫接种。

20. 疫苗的种类有哪些?

（1）传统疫苗　是指用整个病原体如病毒、衣原体等接种动物、鸡胚或组织培养生长后，收获处理而制备的生物制品；由细菌培养物制成的称为菌苗。传统疫苗在防治肉鸡传染病中起到重要的作用，主要包括减毒活苗和灭活疫苗，如生产上常用的新城疫Ⅰ系、Ⅲ系、Ⅳ系疫苗。根据肉鸡场的实际情况选择使用不同的疫苗。

养鸡场需要通过实施生物安全体系、预防保健和免疫接种 3 种途径，来确保鸡群健康生长。在整个疾病防控体系中，三者通过不同的作用点起作用。生物安全体系主要通过隔离屏障系统，切断病原体的传播途径，通过清洗消毒减少和消灭病原体，是控制疾病的基础和根本；预防保健主要针对病原微生物，通过预防投药，减少病原微生物数量或将其杀死；免疫接种则针对易感动物，通过针对性的免疫，增加机体对某个特定病原体的抵抗力。三者相辅相成，以达到共同抵御疾病的目的。

（2）亚单位疫苗　利用微生物的某种表面结构成分（抗原）制成不含有核酸、能诱发机体产生抗体的疫苗，称为亚单位疫苗。亚单位疫苗是将致病菌主要的保护性免疫原存在的组分制成的疫苗。这类疫苗不是完整的病原体，是病原体的一部分物质。

（3）基因工程疫苗　使用 DNA 重组生物技术，把天然的或人工合成的遗传物质定向插入细菌、酵母菌或哺乳动物细胞中，使之充分表达，经纯化后而制得的疫苗。应用基因工程技术能制出不含感染性物质的亚单位疫苗、稳定的减毒疫苗及能预防多种疾病的多价疫苗。

21. 怎样制定肉鸡恰当的免疫程序?

肉鸡生长周期较短、饲养密度大，一旦发病很难控制，即使治愈损失也比较大，并影响产品质量。因此，制定科学的免疫程序，是搞好疫病防疫的一个重要环节。制定免疫程序应该根据本地区、本鸡场、该季节疾病的流行情况和鸡群状况，每个肉鸡场都要制定适合本场的免疫程序。

表 4-4 是快大型肉鸡的几个免疫程序，供参考。

表 4-4 快大型肉鸡的参考免疫程序

免疫程序	日龄	疫苗类型	免疫方法
方案一	7 日龄	新城疫Ⅳ系活苗、油苗	点眼，颈部皮下注射
	14 日龄	法氏囊炎弱毒冻干疫苗	饮水
	28 日龄	新城疫Ⅳ系活苗	饮水
方案二	7 日龄	新城疫和传染性支气管炎二联疫苗	点眼或滴鼻
	14 日龄	法氏囊炎弱毒冻干疫苗	饮水 (2 倍量)
方案二	21 日龄	新城疫和传染性支气管炎二联疫苗	饮水 (2 倍量)
	28 日龄	法氏囊炎弱毒冻干疫苗	饮水
方案三	4 日龄	新城疫 - 传染性支气管炎二联苗	点眼
	12 日龄	禽流感灭活苗	注射
	14 日龄	法氏囊炎中毒疫苗	饮水
	25 日龄	新城疫弱毒疫苗	饮水
	30 日龄	鸡痘弱毒苗	刺种
方案四	1 日龄	ND-VH+H120+28/86	点眼
	7 日龄	ND-LaSota	点眼
		ND(Killed)	1/2 剂量颈部皮下
	14 日龄	IBD	饮水或滴口
	21 日龄	LaSota	点眼，或 2 倍剂量饮水
	28 日龄	LaSota	2 倍剂量饮水（必要时进行）

放养土鸡参考免疫程序一：1 日龄马立克疫苗，皮下注射；10 日龄新城疫 + 传染性支气管炎 H120 疫苗滴鼻；14 日龄法氏囊 B87 疫苗滴口，鸡痘疫苗刺翅；21 日龄新城疫 + 传染性支气管炎 H52 滴眼；42 日龄新城疫 + 传染性支气管炎二联四价疫苗饮水；65 日龄加倍饮水免疫。

参考免疫程序二：1 日龄马立克疫苗，皮下注射；5 日龄法氏囊 B87 滴口；17 日龄法氏囊二价疫苗滴口，鸡痘疫苗刺翅；21 日龄新城疫 + 传染性支气管炎 H52 滴眼；42 日龄新城疫 + 传染性支气管炎二联四价疫苗饮水；65 日龄加倍饮水免疫。

22. 怎样正确保存、运输和稀释疫苗?

（1）疫苗的保存　疫苗属于生物制品，保存原则：分类、避光、低温、冷藏，防止温度忽高忽低，并做好各项入库登记，并做好各项入库登记。

（2）疫苗的运输　疫苗的存放地与使用地常常不在同一个地方，都有一个或近或远的距离，因此，疫苗的运输时都必须避光、低温冷藏为原则，需要使用专用冷藏车才能完成。

（3）疫苗的稀释　鸡常用疫苗中，除油苗不需稀释，其他疫苗均需要稀释后才能使用。推荐用专用稀释液稀释。稀释时，应根据每瓶规定的头份、稀释液量来进行。无论蒸馏水、生理盐水、缓冲盐水、铝胶盐水等作稀释液，均要求无异物杂质，更不可变质。特别要求各种稀释液中不可含有任何病原微生物，也不能含有任何消毒药物。若自制蒸馏水、生理盐水、缓冲盐水等，必须经消毒，冷却。

稀释用具如注射器、针头、滴管、稀释瓶等，都要求事先清洗干净并高压消毒备用。稀释疫苗时，要根据鸡群数量、参与免疫人员多少，分多次稀释，每次稀释好的疫苗要求在常温下半小时内用完。已打开瓶塞的疫苗或稀释液，须当次用完，若用不完则不宜保留，应废弃，并作无害化处理。不能用金属容器装疫苗及稀释疫苗，用缓冲盐水、铝胶盐水作稀释液时，应充分摇匀后使用。液氮苗稀释时，应特别注意正确操作（详细操作见各厂家液氮苗使用说明书）。进行饮水免疫稀释疫苗时，应注意水质，最好用深井水，并先加入0.2%的脱脂奶粉，再加入疫苗。应注意不要用加氯或用漂白粉处理过的自来水，以免影响免疫质量。

活疫苗使用操作程序：活疫苗要求现用现配，并且一次配制量应保证在半小时内用完。

灭活疫苗使用操作程序：灭活疫苗在使用前要提前从冷藏箱内（2~8℃）取出，预温以达到室温（24~32℃），不仅可以改善油苗的黏稠度，确保精确的注射剂量，同时还可以减轻注射疫苗对鸡只的冷应激。

23. 肉鸡免疫接种的方法有哪些?

（1）肌内注射法　稀释后的疫苗，用注射针注射在鸡腿、胸或翅膀肌肉内。注射腿部应选在腿外侧无血管处，顺着腿骨方向刺入，避免刺伤血管神经；注射胸部应将针头顺着胸骨方向，选中部并倾斜30° 刺入，防止垂直刺入伤及内脏；2 月龄以上的鸡可注射翅膀肌肉，要选在翅膀根部肌肉多的地方注射。此法适合新城疫 I 系疫苗、油苗及禽霍乱弱毒苗或灭活苗。

要确保疫苗被注射到鸡的肌肉中，而非羽毛中间、腹腔或是肝脏。有些疫苗，如细菌苗通常建议皮下注射。

（2）皮下注射法　将疫苗稀释，捏起鸡颈部皮肤刺入皮下，防止伤及鸡颈部血管、神经。此法适合鸡马立克疫苗接种。

注射前，操作人员要对注射器进行常规检查和调试，每天使用完毕后要用 75% 的酒精对注射器进行全面的擦拭消毒。注射操作的控制重点为检查注射部位是否正确，注射渗漏情况、出血情况和注射速度等。同时也要经常检查针头情况，建议每注射 500~1 000 羽更换一次。注射用灭活疫苗须在注射前 5~10 小时取出，使其慢慢升至室温，操作时注意随时摇动。要控制好注射免疫的速度，速度过快，容易造成注射部位不准确，油苗渗漏比例增加，但如果速度过慢也会影响到整体的免疫进度。另外，针头粗细也会对注射结果产生影响，针头过粗，对颈部组织损伤的机率增大，免疫后出血的机率大。针头太细，注射器在推射疫苗过程中阻力增大，疫苗注射到颈部皮下的位置与针孔位置太近，渗漏的比例会增加。

（3）滴鼻点眼法　将疫苗稀释摇匀，用标准滴管各在鸡眼、鼻孔滴一滴（约 0.05 毫升），让疫苗从鸡气管吸入肺内、渗入眼中。此法适合雏鸡的新城疫 Ⅱ、Ⅲ、Ⅳ 系疫苗和传支、传喉等弱毒疫苗的接种，它使鸡苗接种均匀、免疫效果较好，是弱毒苗的最佳方法。

点眼通常是最有效的接种活性呼吸道病毒疫苗的方法。点眼免疫时，疫苗可以直接刺激鸡眼部的重要免疫器官——哈德氏腺，从而可以快速地激发局部免疫反应。疫苗还可以从眼部进入气管和鼻腔，刺激呼吸道黏膜组织产生局部细胞免疫和 IgA 等抗体。但此种免疫方法对免疫操作要求细致，如要求疫苗滴入鸡眼内并吸收后才能放开鸡。判断点眼免疫是否成功的一种有效方法就是在疫苗液中加入蓝色染料，在免疫后 10 分钟检查鸡的舌根，如果点眼免疫成功，则鸡的舌根会被蓝色染料染成蓝色。

（4）刺种法　将疫苗稀释，充分摇匀，用蘸笔或接种针蘸取疫苗，在鸡翅膀内侧无血管处刺种。需 3 天后检查刺种部位，若有小肿块或红斑则表示接种成功，否则需重新刺种。该方法通常用于接种鸡痘疫苗或鸡痘与脑脊髓炎二联苗，接种部位多为翅膀下的皮肤。

翼膜刺种鸡痘疫苗时，要避开翅静脉，并且在免疫 7~10 日后检查“出痘”情况以防漏免。接种后要对所有的疫苗瓶和鸡舍内的刺种器具做好清理工作，防止鸡只的眼睛或嘴接触疫苗而导致这些器官出现损伤。

（5）饮水免疫

① 免疫前的准备工作。免疫前中后 3 天舍内停用一切消毒药（带鸡消毒、饮水消毒、处理水线等），由技术员具体负责。免疫前 24 小时记录免疫前一天同一时间的饮水量（一般为早上开灯后 4 小时），提前 24 小时测出每条水线的返冲量，并报组长。提前一天，清理检查加药器，水线乳头，免疫用具。

加药器的清理检查：技术员检查加药器比例；提前一天清理检查加药器吸水性和灵敏度是否正常；检查加药器的吸水头是否清洁，纱网是否完好。

水线、乳头的清理检查：检查水线、乳头是否有损坏、破裂、漏水、气阻现象；将免疫用的水盆、水桶等器具用清水冲洗干净。

② 免疫过程操作。在免疫前 0.5 小时，按技术员规定的比例，将免疫宝与水混合均匀；按技术员要求，分四次到技术员处领取疫苗；领到疫苗后，疫苗在含有免疫宝的水中打开，以防疫苗灭活，并将盛疫苗液的器具盖住，以防杂物掉入；将稀释好的疫苗液置加药器下，放入吸水管，并确保吸水头不露出水面，手按加药器顶部放气按钮进行放气，将疫苗返冲入水线，有鸡部分末端乳头出现蓝色时应立即关闭阀门（返冲水量以前一天测量为准）；在返冲疫苗后，计算吸入疫苗液量和水表显示饮水量，并报技术员；第二、第三、第四次免

疫按技术员要求，正常饮用即可；最后两次兑好饮上疫苗液后，应到鸡舍内赶鸡。

③ 免疫后工作。在疫苗饮完后，用0.5千克清水冲洗免疫用过的器具内壁，再置加药器下，将残留的疫苗液吸入加药器，停水0.5小时待鸡饮完水线中水后（用手触乳头无水为准），再开阀供水；免疫结束后，对用过的器具、污染过的地面要用菌毒杀喷雾消毒，对用过的疫苗瓶、盖装入塑料袋密封，交给技术员清点数目，焚烧；记录该次免疫的时间及饮水量，并报技术员；免疫完后，技术员组织组长、饲养员在鸡舍的末端随机隔出一小部分鸡，检查免疫是否成功（应达到100%），看是否需要再次免疫。

④ 免疫的注意事项。一旦稀释开疫苗要在1小时内饮完；用于稀释疫苗的水必须十分洁净；饮水免疫过程中不准使用金属器具；稀释疫苗时要避光，以免杀死疫苗；免疫时，技术员必须在现场指导，必要时操作示范；免疫停水后，再次开阀供水时应检查乳头有无气阻现象。

（6）喷雾免疫　是操作最方便的免疫方法，局部免疫效果好，抗体上升快、高、均匀度好。但喷雾免疫对喷雾器的要求高，如1日龄雏鸡采用喷雾免疫时必须保证喷雾雾滴直径在100~150微米，否则雾滴过小会进入雏鸡肺内引起严重的呼吸道反应。而且喷雾免疫对所用疫苗也有比较高的要求，否则喷雾免疫的副反应会比较严重。实施喷雾免疫操作前应重点对喷雾器进行详细检查，喷雾操作结束后要对机器进行彻底清洗消毒，而在下一次使用前应用蒸馏水对上述消毒后的部件反复多次冲洗，以免残留的酒精影响疫苗质量，同时也要加强对喷雾器的日常维护。喷雾免疫当天停止带鸡消毒，免疫前一天必须做好带鸡消毒，以净化鸡舍环境，提高免疫效果。

（7）球虫免疫　有些地方习惯对肉鸡免疫球虫，其免疫方法和程序如下。

① 按每瓶疫苗用1 200毫升的比例量取蒸馏水或凉开水。

② 将水倒入干净的容器中，倒入疫苗，将冲洗疫苗瓶和盖的水也倒入容器中。

③ 将疫苗悬液倒入干净的加压式喷雾器中。

④ 喷料。每 1 200 毫升疫苗溶液喷料 8 千克，将饲料平铺在地面上，把球虫疫苗均匀地喷洒在饲料上，来回多喷几次拌均匀。让鸡将喷洒好球虫疫苗的饲料采食干净，6~8 小时吃完。

球虫免疫时应注意以下几项。

① 免疫前控料 2 小时。

② 拌料要均匀，上料要快速上到每一个料位，上完料后要驱赶鸡只确保每一只鸡都能吃到等量的球虫疫苗。

③ 免疫后 15~16 日龄按技术员要求，在饮水中加抗球虫药以控制卵囊增殖，减少疫苗免疫反应。

④ 免疫后两周左右，个别鸡群粪便上偶尔可见少量血便属于正常现象，若鸡群食欲正常，可不必作任何治疗。如血便多又有发展趋势应及时向技术员反映，以便采取措施。

⑤ 疫苗使用前要摇匀。

⑥ 垫料湿度适中，25%~35%。

⑦ 扩群时要将部分旧垫料洒在扩群间新垫料上。

24. 免疫操作时应注意哪些问题?

① 防疫后以最快速度打掉针管内残留的疫苗，用开水冲洗，眼观干净为止；然后休息或吃饭后坐下来单个拆开清理、消毒备用；只用开水冲洗是冲不干净的，否则残留的油剂在里面会起到很多不良影响：充当了细菌的培养基，同时还损坏里面的密封部件。

② 注意疫苗稀释的方法。冻干苗的瓶盖是高压盖子，稀释的方法是先用注射器将 5 毫升左右的稀释液缓缓注入瓶内，待瓶内疫苗溶解后再打开瓶塞倒入水中。避免真空的冻干苗瓶盖突然打开，使部分病毒受到冲击而灭活。

③ 为了减轻免疫期间对鸡只造成的应激，可在免疫前 2 天给予电解多维和其他抗应激的药物。

④ 使用疫苗时，一定要认清疫苗的种类、使用对象和方法，尤其是活毒疫苗。使用方法错误不仅会造成严重的不良反应，甚至还会造成病毒扩散的严重后果。对于在本地区未发生过的疫病，不要轻易接种该病的活疫苗。

⑤ 免疫过后，再苦再累也要把所有器具清理洗刷干净，防止对环境和器具造成污染，同时也防止油乳剂疫苗变质影响器具下次使用。

25. 怎样抓好肉鸡的防疫管理？

（1）制定并执行严格的防疫制度　完善的防疫制度的制定和可靠执行是衡量一个鸡场饲养管理水平的关键，也是有效防止鸡病流行的主要手段之一。因此建议养鸡场在防疫制度方面应做到以下几点：① 订立具体的兽医防疫卫生制度并明文张贴，作为全场工作人员的行为准则；② 生产区门口设消毒池，其中消毒液应定期更换，进入鸡场要更换专门工作服和鞋帽，经消毒池消毒后，方可进入；③ 鸡场谢绝参观，不可避免时，应严格按防疫要求消毒后，方可进入；农家养鸡场应禁止其他养殖户、鸡蛋收购商和死鸡贩子进入鸡场，病鸡和死鸡经疾病诊断后应深埋，并做好消毒工作，严禁销售和随处乱丢；④ 车辆和循环使用的集蛋箱、蛋盘进入鸡场前应彻底消毒，以防带入疾病。最好使用 1 次性集蛋箱和蛋盘；⑤ 保持鸡舍的清洁卫生，饲槽、饮水器应定期清洗，勤清鸡粪，定期消毒，保持鸡舍空气新鲜，光照、通风、温湿度应符合饲养管理要求；⑥ 进鸡前后和雏鸡转群前后，鸡舍及用具要彻底清扫、冲洗及消毒，并空置一段时间；⑦ 定期进行鸡场环境消毒和鸡舍带鸡消毒，通常每周可消毒 2~3 次，疫病发生期间，每天带鸡消毒 1 次；⑧ 重视饲料的贮存和日粮的全价性，防止饲料腐败变质，供给全价日粮；⑨ 适时进行药物预防，并根据本场病例档案和当地疾病的流行情况，制定适于本场的免疫程序，选用可靠的疫苗；⑩ 清理场内卫生死角，消灭老鼠、蚊蝇，清除蚊、蝇滋生地。

（2）采取“自繁自养”“全进全出”的饲养制度　所谓“自繁自养”，就是指一个规模饲养场除了种鸡需要从场外引进以更换淘汰的种鸡外，所有饲养的鸡均由本场自己繁殖、孵化、培育。这种饲养方式，可以阻断因频繁引进苗鸡而带入疫病的传染途径；同时也能因种鸡、苗鸡自养而降低生产成本。采用这一方式的前提是，养鸡场规模较大，饲养者必须具备饲养种鸡和苗鸡孵化的条件和技术。采用此方式的生产资本投入较大，对饲养管理人员文化科技素质要求高。

“全进全出”的饲养制度是有效防止疾病传播的措施之一。“全进全出”使得鸡场能够做到净场和充分消毒，切断疾病传播的途径，从而避免患病鸡只或病原携带者将病原传染给日龄较小的鸡群。当前有些地区农村养鸡场很多，有的村庄养鸡数量可达数十万只。养殖户各自为政，很难进行统一的防疫和管理，这可能是近年来疾病流行严重的原因之一。

（3）保证雏鸡质量　高质量的雏鸡是保证鸡群具有较好的生长和生产性能的关键，因此应从无传染病、种鸡质量好、鸡场防疫严格、出雏率高的鸡场进雏鸡。同一批入孵、按期出雏、出雏时间集中的雏鸡成活率高，易于饲养。从外观上要选择绒毛光亮，喙、腿、趾水灵，大小一致，出生重符合品种要求的雏鸡。检查雏鸡时，腹部柔软，卵黄吸收良好，脐部愈合完全，绒毛覆盖整个腹部则为健雏。若腹大、脐部有出血痕迹或发红呈黑色、棕色或钉脐者，腿、喙、眼干燥有残疾者均应淘汰。

进雏前应将鸡舍温度调到33℃左右，并注意通风换气，以防煤气中毒。进雏后应做好雏鸡的开食开饮工作。一般在出壳后24小时左右开始饮水，这样有利于促进胃肠蠕动、蛋黄吸收和排出胎粪，增进食欲，利于开食。初饮水中应加入5%的葡萄糖，同时加抗生素、多维电解质水溶粉，饮足12小时。一般开始饮水3小时后即可开食，注意开始就供给全价饲料，以防出现缺乏症。

（4）搞好饲料原料质量检测　把好饲料原料质量关是保证供给鸡群全价营养日粮、防止营养代谢病和霉菌毒素中毒病发生的前提条件。大型集约化养鸡场可将所进原料或成品料分析化验之后，再依据实际含量配合饲料，严防购入掺假、发霉等不合格的饲料，造成不必要的经济损失。小型养鸡场和专业户最好从信誉高、有质量保证的大型饲料企业采购饲料。自己配料的养殖户，最好能将所用原料送质检部门化验后再用，以免造成不可挽回的损失。

（5）避免或减轻应激　多种因素均可对鸡群造成应激，其中包括捕捉、转群、断喙、免疫接种、运输、饲料转换、无规律的供水供料等生产管理因素以及饲料营养不平衡或营养缺乏、温度过高或过低、湿度过大或过小、不适宜的光照、突然的音响等环境因素。实践中应尽可能通过加强饲养管理和改善环境条件，避免和减轻以上两类应激因素对鸡群的影响，防止应激造成鸡群免疫效果不佳、生产性能和抗病能力降低。如不可避免应激时，可于饲料或饮水中添加大剂量的维生素 C（每吨饲料中加入 100~200 克）或抗应激制剂（如每吨饲料添加 0.1% 的琥珀酸盐或 0.2% 的延胡索酸），也可以用多维电解质饮水，以减轻应激对鸡群的影响。

根据本场或本地区传染病发生的规律性，定期地使用药物预防和疫苗接种是预防疾病发生的主要手段之一，但应杜绝滥用或盲目用药或疫苗，以免造成不良后果。

（6）*淘汰残次鸡，优化鸡群素质* 鸡群中的残次个体，不但没有生产价值或生产价值不大，而且往往带菌（或病毒），是疾病的传染源之一。因此，淘汰残次鸡，一方面可以维护整群鸡的健康，另一方面又可以降低饲料消耗，提高整个鸡群的整齐度和生产水平。这些残次个体包括发育不良鸡、病鸡、有疾病后遗症的鸡、低产或停产鸡等。

（7）*建立完善的病例档案* 病例档案是鸡场赖以制定合理的药物预防和免疫接种程序的重要依据，也是保证鸡场今后防疫顺利进行的重要参考资料。病例档案应包括以下内容：① 引进鸡的品种、时间、入舍鸡数和种鸡场联系地址；② 所使用的免疫程序、疫苗来源；已进行的药物预防的时间、药物种类；③ 发生疾病的时间、病名、病因、剖检记录、发病率、死淘率及紧急处理措施。

（8）*认真检疫* 检疫是指用各种诊断方法对禽类及其产品进行疫病检查，及时发现病禽，采取相应措施，防止疫病的发生和传播。作为鸡场，检疫的主要任务是杜绝病鸡入场，对本场鸡群进行监测，及早发现疫病，及时采取控制措施。

① 引进鸡群和种蛋的检疫。从外面引进雏鸡或种蛋时，必须了解该种鸡场或孵化场的疫情和饲养管理情况，要求无垂直传播疾病，（如白痢、霉形体病等）。有条件的进行严格的血清学检查，以免将病带入场内。进场后严格隔离观察，一旦发现疫情，立即处理。只有通过检疫和消毒，隔离饲养 20~30 天确认无病才准进入鸡舍。

② 平时定期的检疫与监测。对危害较大的疫病，根据本场情况应定期监测。如常见的鸡新城疫、产蛋下降综合征可采用血凝抑制试验检测鸡群的抗体水平；马立克氏病、传染性法氏囊病、禽霍乱采用琼脂扩散试验检测；鸡白痢可采用平板凝集法和试管凝集法检测。种鸡群的检疫更为重要，是鸡群净化的一个重要步骤，如对鸡白痢的定期检疫，发现阳性鸡只立即淘汰，逐步建立无白痢的种鸡群。除采血进行监测之外，有实验室条件的，还可定期对网上粪便、墙壁灰尘抽样进行微生物培养，检查病原微生物的存在与否。

③ 有条件的，可对饲料、水质和舍内空气监测。每批购进的饲料，除对饲料能量、蛋白质等营养成分检测外，还应对其含沙门氏菌、大肠杆菌、链球菌、葡萄球菌、霉菌及其有毒成分检测；对水中含细菌指数的测定；对鸡舍空气中含氨气、硫化氢和二氧化碳等有害气体浓度的测定等。

26. 如何搞好药物预防？

在我国饲养环境条件下，免疫和环境控制虽然是预防与控制疾病的主要手段，但在实际生产中，还存在着许多可变因素，如季节变化、转群、免疫等因素容易造成鸡群应激，导致生产指标波动或疾病的暴发。因此在日常管理中，养殖户需要通过预防性投药和针对性治疗，以减少条件性疾病的发生或防止继发感染。

（1）用药目的

① 预防性投药。当鸡群存在以下应激因素时需预防性投药。

环境应激：季节变换，环境突然变化，温度、湿度、通风、光照突然改变，有害气体超标等。

管理应激：包括限饲、免疫、转群、换料、缺水、断电等。

生理应激：雏鸡抗体空白期、开产期、产蛋高峰期等。

② 条件性疾病的治疗。当鸡群因饲养管理不善，发生条件性疾病时，如大肠杆菌病、呼吸道疾病、肠炎等，及时针对性投放敏感药物，使鸡群在最短时间内恢复健康。

③ 控制疾病的继发感染。任何疫病都是严重的应激危害因素，可诱发其他疾病同时发生。如鸡群发生病毒性疾病、寄生虫病、中毒

性疾病等，易造成抵抗力下降，容易继发条件性疾病，此时通过预防性药物，可有效降低损失。

（2）药物的使用原则

① 预防为主、治疗为辅。要坚持预防为主的原则。制定科学的用药程序，搞好药物预防、驱虫等工作。有的传染病只能早期预防，不能治疗，要做到有计划、有目的适时使用疫（菌）苗，及时搞好疫（菌）苗的免疫注射，搞好疫情监测。尽量避免肉鸡发病用药，确保鸡肉健康安全、无药物残留。必要时可添加作用强、代谢快、毒副作用小、残留最低的非人用药品和添加剂，或以生物制剂作为治病的药品，控制疾病的发生发展。

要坚持治疗为辅的原则。确需治疗时，在治疗过程中，要做到合理用药，科学用药，对症下药，适度用药，只能使用通过认证的兽药和饲料厂生产的产品，避免产生药物残留和中毒等不良反应。

② 确切诊断，正确掌握适应征。对于养鸡生产中出现的各种疾病要正确诊断，了解药理，及时治疗，对因对症下药，标本兼治。目前养鸡生产中的疾病多为混合感染，极少是单一疾病，因此要联合用药，除了用主药，还要用辅药，既要对症，还要对因。

对那些不能及时确诊的疾病，用药时应谨慎。因目前鸡病多、复杂，疾病的临床症状、病理变化越来越不典型，混合感染、继发感染增多，很多病原发生抗原漂移、抗原变异，病理材料无代表性，加上经验不足等原因，鸡群得病后不能及时确诊的现象比较普遍。在这种情况下应尽量搞清是细菌性、病毒性、营养性还是其他原因导致的疾病，才能在用药时不会出现较大偏差。在没有确诊时用药时间不宜过长，用药 3~4 天无效或效果不明显时，应尽快停（换）药。

③ 适度剂量，疗程要足。剂量过小，达不到预防或治疗效果；剂量过大，造成浪费、增加成本、药物残留、中毒等；同一种药物不同的用药途径，其用药剂量也不同；同一种药物用于治疗的疾病不同，其用药剂量也应不同。用药疗程一般 3~5 天，一些慢性疾病，疗程应不少于 7 天，以防复发。

④ 用药方式不同，其方法不同。饮水给药要考虑药物的溶解度、鸡的饮水量、药物稳定性和水质等因素，给药前要适当停水，有利于

提高疗效；拌料给药要采用逐级稀释法，以保证混合均匀，以免局部药物浓度过高而导致药物中毒。同时注意交替用药或穿梭用药，以免产生耐药性。

⑤ 注意并发症，有混合感染时应联合用药。现代鸡病的发生多为混合感染，并发症较多，在治疗时经常联合用药，一般使用两种或两种以上药物，以治疗多种疾病。如治疗鸡呼吸道疾病时，抗生素应结合抗病毒的中药同时使用，效果更好。

⑥ 根据不同季节、日龄与发育特点合理用药。冬季防感冒、夏季防肠道疾病和热应激。夏季饮水量大，饮水给药时要适当降低用药浓度；而采食量小，拌料给药时要适当增加用药浓度。育雏、育成、产蛋期要区别对待，选用适宜不同时期的药物。

⑦ 接种疫苗期间慎用免疫抑制药物。鸡只在免疫期间，有些药物能抑制鸡的免疫效果，应慎用。如磺胺类、四环素类、甲砜霉素等。

⑧ 用药时辅助措施不可忽视。用药时还应加强饲养管理，因许多疾病是因管理不善造成的条件性疾病，如大肠杆菌病、寄生虫病、葡萄球菌病等，在用药的同时还应加强饲养管理，搞好日常消毒工作，保持良好的通风，适宜的密度、温度和光照，只有这样才能提高总体治疗疗效。

⑨ 根据养鸡生产的特点用药。禽类对磺胺类药的平均吸收率较其他动物高，故不宜用量过大或时间过长，以免造成肾脏损伤。禽类缺乏味觉，故对苦味药、食盐颗粒等照食不误，易引起中毒。禽类有丰富的气囊，气雾用药效果更好。禽类无汗腺，用解热镇痛药抗热应激效果不理想。

⑩ 对症下药的原则。不同的疾病用药不同，同一种疾病也不能长期使用同一种药物治疗，最好通过药敏试验有针对性地投药。

同时，要了解目前临床上常用药和敏感药。目前常用药物有抗大肠杆菌、沙门氏菌药，抗病毒药，抗球虫药等。选择药物时，应根据疾病类型有针对性使用。

（3）常用的给药途径及注意事项

① 拌料给药。给药时，可采用分级混合法，即把全部的用药量

拌加到少量饲料中（俗称“药引子”），充分混匀后再拌加到计算所需的全部饲料中，最后把饲料来回折翻最少5次，以达到充分混匀的目的。

拌料给药时，严禁将全部药量一次性加入到所需饲料中，以免造成混合不匀而导致鸡群中毒或部分鸡只吃不到药物。

② 饮水给药。是规模化养殖最常用的给药方法。选择可溶性较好的药物，按照所需剂量加入水中，搅拌均匀，让药物充分溶解后饮水。对不容易溶解的药物可采用适当加热或搅拌的方法，促进药物溶解。饮水给药方法简便，适于多数药物，特别是能发挥药物在胃肠道内的作用；药效优于拌料给药。

投药前的准备：检查加药器的吸水性是否灵敏；清洗净加药器的吸水管过滤网，平时不用时用塑料布包好；检测加药器的比例，并报技术员；准备好饮水投药所用的水盆和水桶，并反复冲洗干净。

饮水投药的操作和注意事项：领到药物后，按比例用水完全稀释溶解，搅拌均匀后，置加药器下并确保吸水管头不露出水面；开始加药液时，手按加药器顶部按钮排出加药器内的空气，并检查水线乳头是否有水；在加药饮用过程中，若发现药水变色、有沉淀和混浊、药水结晶、药水发热有气泡冒出或有泡沫样物等情况，应立即停止饮用并提升水线，报技术员；注意加药器运转时的嗒嗒声，若长时间不响或只响不吸水，应向技术员报告；将盛药水的器具盖住，以防杂物掉入；密切观察鸡群，发现有鸡只突然死亡或鸡群状况异常，应立即停止加药（提升水线），并报技术员；待药液吸完后，将吸水管向上提起，将吸水管内的药液完全吸入水线；将盛药用过的器具内壁用0.5千克清水冲洗，并让鸡饮用完，再开阀供水；若需饮另一份药，则等水线中药液饮完后再饮另一份；若一种药物分几次饮，中间不必空水；记录每次投药的饮水量、饮水时间，并报技术员。

③ 注射给药。分皮下注射和肌内注射两种方法。药物吸收快，血药浓度迅速升高，进入体内的药量准确，但容易造成组织损伤、疼痛、潜在并发症、不良反应出现迅速等，一般用于全身性感染疾病的治疗。

但应当注意，刺激性强的药物不能做皮下注射；药量多时可分点注射，注射后最好用手对注射部位轻度按摩；多采用腿部肌内注射，肌注时要做到轻、稳，不宜太快，用力方向应与针头方向一致，勿将针头刺入大腿内侧，以免造成瘫痪或死亡。

④ 气雾给药。将药物溶于水中，并用专用的设备气化，通过鸡的自然呼吸，使药物以气雾的形式进入体内。适用于呼吸道疾病给药；对鸡舍环境条件要求较高；适合于急慢性呼吸道病和气囊炎的治疗。

因呼吸系统表面积大，血流量多，肺泡细胞结构较薄，故药物极易吸收。特别是可以直接进入其他给药途径不易到达的气囊。

27. 发生传染病时应采取哪些紧急处置措施？

传染病的一个显著特点是具有潜伏期，病程的发展有一个过程。由于鸡群中个体体质的不同，感染的时间也不同，临床症状表现得有早有晚，总是部分鸡只先发病，然后才是全群发病。因此，饲养人员要勤于观察，一旦发现传染病或疑似传染病，需尽快处理。

（1）封锁、隔离和消毒　一旦发现疫情，应将病鸡或疑似病鸡立即隔离，指派专人管理，同时向养鸡场所有人员通报疫情，并要求所有非必需人员不得进入疫区和在疫区周围活动，严禁饲养员在隔离区和非隔离区之间来往，使疫情不致扩大，有利于将疫情限制在最小范围内就地消灭。在隔离的同时，一方面立即采取消毒措施，对鸡场门口、道路、鸡舍门口、鸡舍内及所有用具都要彻底消毒，对垫草和粪便也要彻底消毒，对病死鸡要做无害化处理；另一方面要尽快作出诊断，以便尽早采取治疗或控制措施。最好请兽医师到现场诊断，本场不能确诊时，应将刚死或濒死期的鸡，放在严密的容器中，立即送有关单位。当确诊或怀疑为严重疫情时，应立即向当地兽医部门报告，必要时采取封锁措施。

治疗期间，最好每天消毒 1 次。病鸡治愈或处理后，再经过一个该病的潜伏期时限，并再进行 1 次全面的大消毒，之后才能解除隔离和封锁。

（2）紧急免疫接种　在确诊的基础上，为了迅速控制和扑灭疫病，应对疫区和受威胁区的鸡群进行应急性的免疫接种，即紧急接种。紧急接种的对象包括：有典型症状或类似症状的鸡群；未发现症状，但与病鸡及其污染环境有过直接或间接接触的鸡群；与病鸡同场或距离较近的其他易感鸡群。接种时最好做到勤换针头，也可将数十个针头浸泡在刺激性较小的消毒液（如 0.2% 的新洁尔灭）中，轮换使用。紧急接种包括疫苗紧急接种和被动免疫接种。

① 疫苗紧急接种。实践证明，利用弱毒或灭活苗对发病鸡群或可疑鸡群进行紧急免疫，对提高机体免疫力、防御环境中病原微生物的再感染具有良好效果。如用Ⅳ系弱毒苗饮水，或同时用鸡新城疫油乳剂灭活苗皮下注射，对发生新城疫的鸡群紧急接种是临床上常用的方法。

② 被动免疫接种（免疫治疗）。这是一种特异性疗法，是采用某种含有特异性抗体的生物制品，如高免血清、高免卵黄等针对特定的病原微生物进行治疗。其最大优点是：对病鸡有治疗作用，对健康鸡有预防作用。如利用高免血清或高免卵黄治疗鸡传染性法氏囊炎。其缺点有：外源性抗体在体内消失较快，一般 7~10 天仍需免疫；有通过高免血清或卵黄携带潜在病原的可能。因此免疫治疗只能作为防病治病的应急措施，不能因此而忽略其他的预防措施。

（3）*药物治疗*　治疗的重点是病鸡和疑似病鸡，但对假定健康鸡的预防性治疗亦不能放松。治疗应在确诊的基础上尽早进行，这对及时消灭传染病、阻止其蔓延极为重要，否则会造成严重后果。

有条件时，在采用抗生素或化学药品治疗前，最好先进行药敏试验，选用敏感药物，并且首次剂量要大，这样效果较好。

也可利用中草药治疗。不少中草药对某些疫病具有相当好的疗效，而且不产生耐药性，无毒、副作用，现已在鸡病防治中占相当地位。

（4）*护理和辅助治疗*　鸡在发病时，由于体温升高、精神呆滞、食欲降低、采食和饮水减少，造成病鸡摄入的蛋白质、糖类、维生素、矿物质水平等低于维持生命和抵御疾病所需的营养需要。因此必要的护理和辅助治疗有利于疾病的转归。

① 可通过适当提高舍温、勤在鸡舍内走动、勤搅拌料槽内饲料、

改善饲料适口性等方法促进鸡群采食和饮水。

② 依据实际情况，适当改善饲料中营养物质的含量或在饮水中添加额外的营养物质。如适当增加饲料中能量（如玉米）和蛋白质饲料的比例，以弥补食欲降低所减少的摄入量；增加饲料中维生素 A、维生素 C 和维生素 E 的含量对于提高机体对多数疾病的抵抗力均有促进作用；增加饲料维生素 K 对各种传染病引起的败血症和球虫病等引起的肠道出血都有极好的辅助治疗作用；另外在疾病期间家禽对核黄素的需求量可比正常时高 10 倍，对其他 B 族维生素（烟酸、泛酸、维生素 B_1、维生素 B_{12}）的需要量为正常的 2~3 倍。因此在疾病治疗期间，适当增加饲料中维生素或在饮水中添加一定量的速补 -14 或其他多维电解质一类的添加剂。

28. 怎样对鸡粪进行无害化处理？

对肉鸡粪便进行减量化、无害化和资源化处理，防止和消除粪便污染，对于保护城乡生态环境，推动现代肉鸡养殖产业和循环经济发展具有十分积极的意义。

（1）直接晾晒　处理工艺简单，就是把鸡粪直接摊开晾晒风干，压碎后直接包装作为产品出售。这种模式的优点是产品成本低，操作简单。但缺点也很明显：占地面积大，容易污染环境；晾晒还存在一个时间性与季节性的问题，不能工厂化连续生产；产品体积大，养分低，存在二次发酵现象，产品质量难以保证。

（2）烘干处理　是把鸡粪直接通过烘干机进行高温、热化、灭菌、烘干等方式处理，出来含水量 13% 左右的干鸡粪，作为产品直接销售。这种模式的优点是生产量大、速度快，产品的质量稳定、水分含量低。但同时也存在一些问题，如：生产过程产生的尾气会污染环境；生产过程中能耗高；出来的产品只是表面干燥，浸水后仍有臭味和二次发酵，产品的质量不可靠；设备投资大，利用率不高。

（3）生物发酵　主要有发酵池发酵、直接堆腐、塔式发酵等模式。

① 发酵池发酵。把鸡粪、草木灰、锯末混合放入水泥池中，充氧发酵，粉碎，过筛，包装。这种模式的优势在于：生产工艺简单，

投入少，成本低。缺点是产品养分含量低，水分高，达不到商品化的要求；工厂化连续生产程度低，生产周期长。

② 直接堆腐。把鸡粪、秸秆或草炭混合，堆高1米左右，利用高温堆肥，定期翻动通气发酵，发酵完后就作为产品。由于堆内疏松多孔且空气流通，温度容易升高，一般可达60~70℃，基本可杀死虫卵和病菌，也会使杂草种子丧失生存能力。这种生产工艺简单、投入少、成本低。主要问题在于产品堆腐时间长，受外界条件影响大，产品质量难以保证；产品工厂化连续生产程度低，生产周期长。

③ 塔式发酵。其主要工艺流程是把鸡粪与锯末等辅料混合，再接入生物菌剂，同时塔体自动翻动通气，利用生物生长加速鸡粪发酵、脱臭，经过一个发酵循环，从塔体出来的就基本是有机肥成品了。这种模式具有占地面积小、能耗低、污染小、工厂化程度高的优点，但它现在存在的问题是：仅靠发酵产生的生物热来排湿，产品的水分含量达不到商品化的要求；目前工艺流程运行不畅，造成人工成本大增，产量达不到设计要求；设备的腐蚀问题严重，制约了它的进一步发展。

29. 如何对病死鸡进行无害化处理？

病死鸡，任何养鸡场都难以避免，肉鸡病死尸体既有可能是传染源，也会在腐败分解过程中对环境造成污染，对安全生产极为不利。肉鸡病死尸体必须无害化处理，才能杜绝传染隐患，保证鸡场安全生产。

病死尸体的处理，需要有良好的配套制度作保障。兽医室和病死鸡处理设施应建在饲养区的下风、下水处，要与粪污处理区平行（或建在饲养区与粪污处理区之间）、相对独立的位置。根据不同的养鸡场规格和规模，兽医室和病死鸡处理设施与饲养区的卫生间距通常应分别在500米、200米、50米以上。周围建隔离屏障，出入口建洗手消毒盆和脚踏消毒池，备专用隔离服装。兽医室应配备与鸡场规格规模相适应的疾病监测和诊断设备。兽医室的下风向建病死鸡处理设施，如焚尸炉、尸井等，具备防污染防扩散条件（防渗、防水冲、防风、防鸟兽蚊蝇等）。

病死尸体的处理，要执行严格的规范。一般情况下，鸡舍出现异常死亡或死鸡超过 3 只时，就要引起注意。可用料袋内膜将死鸡包好，拿出鸡舍后送到死鸡窖。需要剖检时，找兽医剖检。剖检死鸡必须在死鸡窖口的水泥地面上进行；剖检完毕，对剖检地面及周围 5 米用 5% 的火碱消毒；剖检后的死鸡，用消毒液浸泡后放入死鸡窖并密封窖口，也可焚烧处理。要做好剖检记录，发现疫情及时会商，重要疫情必须立即上报场长。送死鸡人员，在返回鸡舍时，应彻底按消毒。剖检死鸡的技术人员，在结束尸体剖检后，应从污道返回消毒室，更换工作服，消毒后方可再次进入净区。

因鸡新城疫、禽霍乱等烈性传染病致死的肉鸡尸体，应尽量采用焚烧法处理，直到将尸体烧成黑炭为止。

因禽痘等传染性强的疾病而死亡的肉鸡，尸体可采用深埋法处理。埋地要远离住宅、牧场和水源，地质宜选择沙土地，地势要高燥。从坑沿到尸体表面至少应达到 1.5~2 米，坑底和尸体表面均铺 2~5 厘米厚的石灰，覆土夯实。

因普通病或其它原因致死的肉鸡，可发酵处理。将尸体抛入专门的尸体坑（发酵坑）内，利用生物热将尸体分解，达到消毒的目的。尸体腐败 2~3 天后，病毒即遭受破坏，不再具有传播、感染的危险。建筑发酵坑应选择远离住宅、牧场、水源及道路的僻静场所。尸坑可建成圆井形，坑深 9~10 米，坑壁及坑底涂抹水泥，坑口高出地面约 30 厘米，坑口设盖，盖上有活动的小门，平时落锁。坑内尸体可以堆到距坑口 1.5 米处，经 3~5 个月尸体完全腐败分解后，就可以挖出充当肥料使用。

30. 鸡场怎样杀虫?

某些节肢动物如蚊、蝇、虻等和体外寄生虫如螨、虱、蚤等生物，不但骚扰正常的鸡，影响生长和产蛋，而且还携带病原体，直接或间接传播疾病。因此，要设法杀灭。

杀虫先做好灭蚊蝇工作。保持鸡舍的良好通风，避免饮水器漏水，经常清除粪尿，减少蚊蝇繁殖的机会。

使用杀虫药蝇毒磷（0.02%~0.05%）等，每月在鸡舍内外和蚊蝇滋生的场所喷洒 2 次。黑光灯是一种专门用来灭蝇的装于特制的金属盒里的电光灯，灯光为紫色，苍蝇有趋向紫光的特性，而向紫光灯飞扑，当它触及带有负电荷的金属网即被电击而死。

31. 鸡场怎样灭鼠?

老鼠在藏匿条件好、食物充足的情况下，每年可产 6~8 窝幼仔，每窝 4~8 只，一年可以猛增几十倍，繁殖速度超快。养鸡场的小气候适于鼠类生长，众多的管道孔穴为老鼠提供了躲藏和居住的条件，鸡的饲料又为它们提供了丰富的食物，因而一些对鼠类失于防范的鸡场，往往老鼠多，危害严重。养鸡场的鼠害主要表现在四个方面：一是咬死咬伤草鸡苗；二是偷吃饲料，咬坏设备；三是传播疾病，老鼠是鸡新城疫、球虫病、鸡慢性呼吸道病等疾病的传播者；四是侵扰鸡群，影响鸡的生长发育和产蛋，甚至引起应激反应使鸡死亡。

（1）建鸡场时要考虑防鼠设施　墙壁、地面、屋顶不要留有孔穴等鼠类隐蔽处所，水管、电线、通风孔道的缝隙要塞严，门窗的边框要与周围接触严密，门的下缘最好用铁皮包镰，水沟口、换气孔要安装孔径小于 3 厘米的铁丝网。

（2）随时注意防止老鼠进入鸡舍　发现防鼠设施破损要及时修理。鸡舍不要有杂物堆积。出入鸡舍随手关门。在鸡舍外留出至少 2 米的开放地带，便于防鼠。因为鼠类一般不会穿越如此宽的空间，不能无限度地扩大两栋鸡舍间的植物绿化带，鸡舍周围不种植植被或只种植低矮的草，这样可以确保老鼠无处藏身。清除场区的草丛、垃圾，不给老鼠留有藏身条件。

（3）断绝老鼠的食源、水源　饲料要妥善保管，喂鸡抛撒的饲料要随时清理。切断老鼠的食源、水源。投饵灭鼠。

（4）灭鼠　灭鼠要采取综合措施，使用捕鼠夹、捕鼠笼、粘鼠胶等捕鼠方法和应用杀鼠剂灭鼠。

杀鼠剂可选用敌鼠钠盐、杀鼠灵等。其中敌鼠钠盐、杀鼠灵对鸡毒性较小，使用比较安全。毒饵要投放在老鼠出没的通道，长期投放效果较好。

敌鼠钠盐价格便宜，对鸡安全。老鼠中毒后行动比较困难时仍然继续取食，一般老鼠食用毒饵后三四天内安静地死去。敌鼠钠盐可溶于酒精、沸水，配制 0.025% 毒饵时，先取 0.5 克敌鼠钠盐溶于适量的沸水中（水温不能低于 80℃），溶解后加入 0.01% 糖精或 2%~5% 糖，加入食用油效果更好，同时加入警戒色，再泡入 1 千克饵料（大米、小麦、玉米糁、红薯丝、胡萝卜丝、水果等均可）。搅拌均匀，阴干；过一段时间再搅拌，使饵料吸收药液，待药液全部吸收后晾干即成。毒饵现用现配效果更好，如上午投放毒饵，要在头一天下午拌制；下午投放毒饵，可在当天早晨拌制。

在我国南方，为防毒谷发芽发霉，可将敌鼠钠盐的酒精溶液用谷重 25% 的沸水稀释后浸泡稻谷，到药液全部吸收为止，效果良好。

32. 鸡场为什么要控制鸟类?

与鼠类相似，鸟类不但偷食饲料、骚扰动物，还能传播大量疫病，如新城疫、流感等。控制鸟类对防治传染病有重要意义。控制鸟类的主要措施是在圈舍的窗户、换气孔等处安装铁丝网或纱窗，以防止各种鸟类的侵入。

第五章　肉鸡常见病的防控

1. 新城疫是怎样发生和流行的？

新城疫是由新城疫病毒引起禽的一种急性、热性、败血性和高度接触性传染病。以高热、呼吸困难、下痢、神经紊乱、黏膜和浆膜出血为特征。发病率和病死率高，是危害养禽业的一种主要传染病。OIE 将其列为 A 类疫病。

本病的主要传染源是病鸡以及在流行间歇期的带毒鸡，受感染的鸡在出现症状前 24 小时，就可由口、鼻分泌物和粪便排出病毒。而痊愈鸡带毒排毒的情况则不一致，多数在症状消失后 7 天就停止排毒。被病毒污染的饲料、饮水和尘土经消化道、呼吸道或结膜传染易感鸡。

本病一年四季均可发生，但以冬春寒冷季节较易流行。本病在易感鸡群中呈毁灭性流行。发病率和病死率可达 95% 或更高。近几年，肉鸡新城疫的流行以低发病率、低死亡率、高淘汰率、散发的非典型新城疫为主，通常无大批死亡，无明显的临床症状和病理变化，但群体生长速度减慢，鸡只零星死亡，给养殖业造成了一定的经济损失。目前我国尽管采用常规疫苗接种预防该病，并在很大程度上控制了该病的大规模流行，但每年因该病造成的损失仍极其严重。

常见的发病原因如下。

（1）*弱毒苗饮水免疫后显著排毒*　研究证实，新城疫弱毒活疫苗经饮水免疫之后，可通过呼吸道和消化道向外排毒，尤其是免疫后的 2 周内排毒更显著。

（2）*鸡场受野毒污染，毒力增强*　在我国，小规模大群体的饲养方式仍旧存在，饲养管理和防疫水平参差不齐。有些鸡场存在到处乱扔死鸡，更有甚者一旦鸡群发生急性传染病，往往任意出售病鸡，造成病原的人为传播。新城疫病毒能随空气、带病毒野鸟广泛传播，有调查表明，我国商品鸡群中普遍存在新城疫强病毒，污染鸡场后，在病鸡体内大量复制、循环，使毒力增强，并长期维持下去，一旦遇到免疫水平低的鸡群或免疫力不足的鸡，极易发生非典型新城疫。

（3）疫苗使用不规范　主要表现在以下几个方面。

① 长期使用饮水免疫的方法。由于人工成本的普遍升高，或贪图省时省力，很多养鸡场新城疫的免疫长期采用饮水的免疫方法，造成鸡群饮入有效疫苗剂量差异较大，从而造成鸡群新城疫抗体参差不齐，疫苗保护力不高。

② 免疫接种时操作不当。滴鼻、点眼免疫时未等疫苗确实进入鼻、眼内就把鸡放回地面，鸡只得不到足够的免疫剂量；饮水免疫易受水质、水温、水量、停水时间的影响，往往不能产生足够的免疫力，免疫效果也不一致；注射免疫要避免刺伤骨骼、血管和神经，防止穿针；气雾免疫时雾滴太大或雾滴不均匀，造成免疫不均匀，雾滴过小易诱发鸡毒支原体。这些均能导致鸡群新城疫抗体忽高忽低，疫苗保护力不高。

③ 疫苗稀释方法错误。目前养鸡场进行弱毒疫苗免疫时，多采用直接打开疫苗瓶盖，灌入饮用水。由于空气压和水质的问题，导致疫苗的部分失活，有效免疫剂量不足，直接影响新城疫疫苗免疫效果。

（4）重视血清抗体，忽视局部免疫作用　目前的养殖生产中，很多鸡场只重视油乳剂灭活苗而忽视弱毒疫苗的作用。虽然油乳剂灭活苗安全性高，不散毒，能提高机体的体液免疫，产生大量的 IgG 中和抗体（血清抗体），并有较好的免疫效果。但由于弱毒活苗只通过饮水的方法产生有限的局部细胞免疫，不能有效刺激呼吸道黏膜足量分泌 IgA 抗体，再加上消化道受到霉菌毒素、球虫、产气荚膜梭菌等因素的影响，肠道黏膜免疫系统受损，呼吸道和肠道不能有效抵抗外界新城疫野毒的侵袭而发生新城疫。

（5）强化免疫间隔时间太近　目前的肉鸡生产中，有的要进行 2 次新城疫疫苗的饮水免疫。两次免疫间隔时间太近，则会出现免疫干扰，造成 HI 抗体滴度不均匀，致使二免前后发生非典型新城疫的情况较多，甚至发生免疫麻痹，致使鸡群免疫抗体水平不足，再加上饮水免疫后的排毒现象，鸡舍环境野毒数量增大，导致疫苗保护力显著下滑。

（6）疫苗之间的相互干扰　目前由于家禽疫病增多，频繁使用多种疫苗防护疫病感染，尤其是弱毒疫苗，其先后顺序和间隔日期对免疫力的产生有一定的影响。如新城疫免疫的同时，还做禽流感、传染性法氏囊疫苗。病毒进入体内细胞产生干扰素，由于不同病毒在体内启动速度不同，往往启动速度快的（如传染性支气管炎病毒）抑制启动速度慢的（如新城疫病毒），造成免疫干扰，导致新城疫免疫失败。更有甚者新城疫疫苗与鸡痘同时注射，导致更加严重的干扰现象，两者均不能产生有效的免疫保护。

（7）免疫抑制性疾病的影响　鸡群感染传染性法氏囊、马立克、禽白血病、网状内皮组织增生病、鸡贫血因子等免疫抑制性疾病，损伤鸡的免疫器官，抑制机体的免疫应答，导致免疫力下降。另外，霉菌毒素中毒、鸡白痢、大肠杆菌病、球虫病等疾病也会造成机体的免疫机能下降，新城疫免疫接种后，很难产生坚强的免疫力。

（8）应激因素的影响　高温、寒冷、饥饿、缺水、运输、饲养密度过大、通风换气不良，有害气体浓度过高等不良应激因素，可导致机体新陈代谢紊乱，免疫球蛋白合成不足，抵抗力下降，易感性增高。同时，应激导致肾上腺皮质激素分泌激增，抑制免疫功能，免疫应答力减弱，往往造成免疫失败。

2. 新城疫有哪些主要临床症状与病理变化?

（1）临床症状

① 全身症状。精神沉郁，体温升高，闭眼似睡，翅膀下垂，羽毛逆立（乍毛），缩颈呆立，反应迟钝。

② 呼吸系统症状。呼吸困难，有呼噜声，张口、伸颈喘气，咳嗽，甩鼻，喷嚏，怪叫，气管啰音。

③ 神经系统症状。扭颈、仰颈，勾头，常呈仰头观星状姿势，翅膀下垂，跛行甚至瘫痪。

④ 消化系统症状。食欲减退甚至废绝，先少饮后减少或不饮，倒提病死鸡，可从口中流出酸臭液体。拉稀，排黄绿色稀粪，粘污肛门或羽毛。

（2）病理变化

① 嗉囊积液；腺胃肿大，腺胃乳头肿胀、出血、溃疡；腺胃与食道，腺胃与肌胃交界处出血和溃疡。

② 十二指肠及小肠黏膜有出血和溃疡，肠道淋巴滤泡肿胀出血，有的形成枣核状坏死。泄殖腔黏膜出血。盲肠扁桃体肿胀、出血和溃疡。极易导致腹膜炎。

③ 喉头、气管、支气管上段黏膜充血、水肿出血，气管内有黏液，根据病程长短可出现浆液性、黏液性、脓性、干酪样分泌物。

3. 如何防控新城疫?

（1）预防　坚持预防为主的原则。

① 做好消毒灭源工作，切断病毒入侵途径。

② 对病鸡实施隔离措施。

③ 制订科学的免疫程序。下列免疫程序可供参考：对于雏鸡应视其母源抗体水平确定首免日龄，一般应在母源抗体水平低于1:16时首免，确定二免、三免日龄时也应在鸡群HI抗体效价衰减到1:16时进行，才能获得满意的效果。

在一般的疫区，可以采用下列免疫程序：7日龄，新城疫Ⅳ系+H120点眼、滴鼻，每只1羽份，同时注射新支二联油苗每只1羽份；23日龄，用新城疫Ⅳ系或克隆-30三倍量饮水；33日龄用克隆-30或Ⅳ系4倍量饮水。

在新城疫污染严重的地区，1日龄用新城疫传染性支气管炎二联弱毒疫苗喷雾或滴鼻、点眼；8~10日龄用新城疫弱毒疫苗饮水，新城疫油苗规定剂量颈部皮下注射；14日龄用法氏囊弱毒疫苗饮水；20~25日龄新城疫弱毒疫苗饮水。

（2）治疗　做到早发现、早确诊、早采取有效措施治疗。

① 快速确诊。非典型性新城疫，仅凭临床症状难以确诊。对疑

似发病鸡群应尽早根据临床症状、流行病理特点、解剖病变和采用实验室诊断方法确诊。

② 紧急免疫接种。对30日龄内肉鸡，用鸡新城疫Ⅳ系疫苗或克隆-30紧急接种，最好采用点眼、滴鼻。紧急接种时，首先接种假定健康鸡群，再接种可疑鸡群，最后病鸡群。

③ 30日龄后的肉鸡群可考虑出栏。

④ 标本兼治，控制病情。多数鸡发病时，肌注高免蛋黄液（同时加入抗菌药物）；也可用干扰素治疗；聚肌胞、黄芪多糖、白介素、清热解毒中药等，对本病有一定控制作用。使用抗生素可防止继发感染。

4. 禽流感是怎样流行的？

禽流感是由A型流感病毒引起的禽类的一种急性、热性、高度接触性传染病。临床症状复杂，对肉鸡生产危害大，且人禽共患，被世界动物卫生组织列入A类传染病，我国将此病列入一类传染病。

禽流感病毒属于正黏病毒科流感病毒属的成员，有A、B、C三个血清型，禽流感病毒属于A型。根据流感病毒的血凝素（HA）和神经氨酸酶（NA）抗原的差异，将其分为不同的亚型。目前，A型流感病毒的血凝素已发现15种，神经氨酸酶9种，分别是H1~H15，N1~N9表示，所有的禽流感病毒都是A型。临床最常见的是H5N1、H9N2亚型。

该病感染率高，传播范围广，速度快。一年四季均会发病，但在每年的10月到次年5月多发。肉鸡发病日龄多在25天前后。气候突变、冷刺激，饲料中营养物质缺乏均能促进本病发生。主要通过呼吸道和消化道感染，发病率和死亡率与毒力有关。

5. 低致病性禽流感有哪些主要临床症状和病理变化？

低致病性禽流感因地域、季节、品种、日龄、病毒的毒力不同而表现出症状不同、轻重不一的临床病理变化。

（1）主要临床症状

① 精神不振，或闭眼沉郁，体温升高，发烧严重鸡将头插入翅内或双腿之间，反应迟钝。

② 拉黄白色带有大量泡沫的稀便或黄绿色粪便，有时肛门处被淡绿色或白色粪便污染。

③ 呼吸困难，打呼噜，呼噜声如蛙鸣叫，此起彼伏或遍布整个鸡群，有的鸡发出尖叫声，甩鼻，流泪，肿眼或肿头，肿头严重鸡如猫头鹰状。下颌肿胀。

④ 鸡冠和肉髯发绀、肿胀，鸡脸无毛部位发紫；病鸡或死鸡全身皮肤发紫或发红。

⑤ 继发大肠杆菌、气囊炎后，造成较高的致死率。

（2）病理变化

① 胫部鳞片出血。

② 肺脏坏死，气管栓塞，气囊炎。

③ 肾脏肿大，紫红色，花斑样。

④ 皮下出血。病鸡头部皮下胶冻样浸润，剖检呈胶冻样；颈部皮下、大腿内侧皮下、腹部皮下脂肪等处，常见针尖状或点状出血。

⑤ 腺胃肌胃出血。腺胃肿胀，腺胃乳头水肿、出血，肌胃角质层易剥离，角质层下往往有出血斑；肌胃与腺胃交界处常呈带状或环状出血。

⑥ 心肌变性，心内、外膜出血；心冠脂肪出血。

⑦ 肠臌气，肠壁变薄，肠黏膜脱落。

⑧ 胰脏边缘出血或坏死，有时肿胀呈链条状。

⑨ 脾脏肿大，有灰白色的坏死灶。

⑩ 胸腺萎缩，出血。

⑪继发肝周炎、气囊炎、心包炎。

6. 如何防控肉鸡低致病性禽流感？

（1）快速处理

① 冬春季节严格执行疾病零汇报制度，一旦发现有支气管堵塞现象，要立即上报。

② 具备 H9 的实验室诊断能力。配备 H9 病原分离、鉴定专业人员及相关实验条件，及时收集病料。有条件的单位可第一时间测序鉴定，并进行流行病学分析。

③ 入冬前要储备防疫物资，如蛋黄液（卵黄囊抗体），相应疫苗等。

（2）肉鸡 H9 的主要防控措施

① 使用当地毒株免疫。新区域发生首例 H9 要坚决扑杀，扩散后可不必扑杀。同时增加 1~3 日龄 H9 的免疫 0.2 毫升 / 只（当地毒株）。在多发日龄前，连用 5 天抗病毒中药。鸡发病后可注射 0.5 毫升 / 只 H9 抗体加抗生素。

免疫要根据品种、地区的流行趋势，使用相应亚单位分支的单价或多价疫苗，可获得较好的防控效果。冬季肉鸡免疫程序如下，供参考。

1 日龄	HVT /IBD	1 头份	颈部皮下注射
	ND/IB	1 头份	喷雾
	H9/ND	0.2 毫升（浓缩苗）	颈部皮下注射
9 日龄	H5/H9/ND	0.5 毫升	颈部皮下注射（非疫区 H5 可省去）
	ND/IB	1 头份	点眼或喷雾
24 日龄	lasota	2 头份	饮水或喷雾

② 保护呼吸道黏膜，建立屏障。使用蜂胶感清喷雾（蜂胶、糜蛋白酶等）。

③ 保护消化道，清除霉菌毒素。

④ 减少免疫空白期的危害。肉鸡 25~30 日龄是免疫空白期。

⑤ 加强通风，不容忽视保温。

7. 肉鸡传染性支气管炎有什么流行特点？

肉鸡传染性支气管炎是由冠状病毒引起的肉鸡的一种急性、高度接触性呼吸道疾病。

传染性支气管炎病毒为冠状病毒科冠状病毒属成员。传染源主要是病鸡和康复后带毒鸡，康复鸡可带毒 35 天。传播途径主要通过空气（飞沫）经呼吸道传播，也可通过污染的饲料、饮水和器具等间接地经消化道传播。

本病只感染鸡，不同年龄、品种鸡均易感。本病传播迅速，一旦感染，可很快传播全群。一年四季均可发病，但以每年的3—5月和9—11月为高发期。环境因素不良对本病影响大。

8. 肉鸡传染性支气管炎有哪些临床特征？怎样防控？

因传染性支气管炎病毒血清型不同，肉鸡传染性支气管炎多见肾型、呼吸型、腺胃型。

（1）肾型传染性支气管炎

① 临床症状。多发于2~4周龄鸡。精神沉郁，羽毛不整，畏寒怕冷；仰颈呼吸；病鸡下痢，排白色稀粪，如石灰水样；腿部干燥，无光泽，脚爪干瘪，脱水。

② 病理变化。肌肉脱水，干瘪，弹性差；肾肿，色泽不匀，有白色尿酸盐沉积，形似花斑肾，输尿管内积大量尿酸盐结晶。

③ 防控措施。加强饲养管理，严格消毒，加强通风。用28/86弱毒苗饮水或肾支油苗注射。

治疗时，降低饲料蛋白，可临时把颗粒全价料改为玉米糁，并补充维生素A；减少尿酸盐生成，加速排出，可在饮水中加入嘌呤醇、丙磺舒或碳酸氢钠等；抗病毒，用干扰素或抗病毒中药如双黄连等饮水。

（2）呼吸型传染性支气管炎

① 临床症状。传播快，因潜伏期短（36小时），通过飞沫感染，一般1~3天波及全群；病鸡流鼻液、流泪、咳嗽、打喷嚏、呼吸困难、常伸颈张口喘气。发病轻时白天难以听到，夜间安静时，可以听到伴随呼吸发出的喘鸣声。

② 病理变化。鼻腔和鼻窦内有浆液性、卡他性渗出物或干酪样物质，气管和支气管内有浆液性或纤维素性团块；气囊浑浊，并覆有一层黄白色干酪样物；气管环出血，气管和支气管交叉处的管腔内充满白色或黄白色的栓塞物；肺脏水肿或出血。

③ 防控措施。科学、完善的卫生防疫、饲养管理制度是控制本

病的关键。免疫时要严格按剂量接种，并尽量采用点眼、滴鼻的方式。药物治疗可选用中药抗病毒，抗生素控制继发感染，呼吸道症状明显者，加止咳平喘药物。

（3）腺胃型传染性支气管炎

① 临床症状。病鸡采食量下降，精神差，羽毛蓬乱，呆立；发病鸡高度消瘦，发育、整齐度差；拉白绿色稀便。

② 病理变化。腺胃肿大，质地坚硬；腺胃壁增厚，剪开往往外翻。腺胃乳头肿大、突起，中间凹陷，周边出血，轻压有大量褐色分泌物。

③ 防控措施。用腺胃传染性支气管炎油苗注射，加强饲养管理，严防使用霉变饲料。

治疗时，要抑制病毒复制，健胃消炎；干扰素、抗病毒中药饮水，健胃散拌料；个别鸡用鸡用的酵母片、食母生等拌料。可试用西咪替丁等治疗。

9. 肉鸡传染性法氏囊炎是怎样流行的?

肉鸡传染性法氏囊炎是由传染性法氏囊病毒引起的主要危害幼龄鸡的一种急性、接触性、免疫抑制性传染病。除可引起易感鸡死亡外，早期感染还可引起严重的免疫抑制。

主要发生于2~11周龄鸡，3~6周龄最易感。感染率100%，死亡率常因发病年龄、有无继发感染而有较大变化，5%~40%，因传染性法氏囊病毒对一般消毒药和外界环境抵抗力强大，污染鸡场难以净化，有时同一鸡群可反复多次感染。

目前，本病流行发生了许多变化，主要表现在以下几点。

① 发病日龄明显变宽，病程延长。

② 目前临床可见传染性法氏囊炎最早发于1日龄。

③ 宿主群拓宽。鸭、鹅、麻雀均成为传染性法氏囊病毒的自然宿主，而且鸭表现出明显的临床症状。

④ 免疫鸡群仍然发病。该病免疫失败越来越常见，而且在我国肉鸡养殖密集区出现一种鸡群在21~27日龄进行过法氏囊疫苗二免后几天内暴发法氏囊病的现象。

⑤ 出现变异毒株和超强毒株。临床和剖检症状与经典毒株存在差异，传统法氏囊疫苗不能提供足够的保护力。

⑥ 并发症、继发症明显增多，间接损失增大。在传染性法氏囊炎发病的同时，常见新城疫、支原体、大肠杆菌、曲霉菌等并发感染，明显死亡率提高，高者可达 80% 以上，有的鸡群不得不全群淘汰。

10. 肉鸡传染性法氏囊炎有哪些主要临床症状和病理变化？

（1）主要临床症状

① 潜伏期 2~3 天，易感鸡群感染后突然大批发病，采食量急剧下降，翅膀下垂，羽毛蓬乱，怕冷，在热源处扎堆。

② 饮水增多，腹泻，排出米汤样稀白粪便或拉白色、黄色、绿色水样稀便，肛门周围羽毛被粪便污染，恢复期常排绿色粪便。

③ 发病后期如继发鸡新城疫或大肠杆菌病，可使死亡率增高。

④ 耐过鸡贫血消瘦，生长缓慢。

（2）病理变化

① 病死鸡脱水，皮下干燥，胸肌和两腿外侧肌肉条纹状或刷状出血。

② 法氏囊黄色胶冻样渗出，囊浑浊，囊内皱褶出血，严重者呈紫葡萄样外观。

③ 肾脏肿胀，花斑肾，肾小管和输尿管有白色尿酸盐沉积。

11. 怎样防控肉鸡法氏囊炎？

（1）对发病鸡群应及早注射高免卵黄抗体　制作法氏囊卵黄抗体的抗原最好来自本鸡场，每只鸡肌内注射 1 毫升。板蓝根 10 克，连翘 10 克，黄芩 10 克，海金沙 8 克，诃子 5 克，甘草 5 克制成药剂，每只鸡 0.5~1 克拌料，连用 3~5 天。如能配合补肾、通肾的药物，可促进机体尽快恢复。使用敏感的抗生素，防止继发大肠杆菌病等细菌病。

（2）疫苗免疫是控制传染性法氏囊炎最经济、有效的措施　按照毒力，传染性法氏囊炎疫苗可分为三类。一是温和型疫苗，如D78、LKT、LZD228、PBG98等，这类苗对法氏囊基本无损害，但接种后抗体产生慢，效价低，对强毒的传染性法氏囊炎感染保护力差；二是中等毒力的活苗，如B87、BJ836、细胞苗IBD-B2等，这类疫苗在接种后对法氏囊有轻度损伤，接种72小时后可产生免疫活力，持续10天左右消失，不造成免疫干扰，对强毒的保护力较高；三是中等偏强型疫苗，如MB株、J-Ⅰ株、2512毒株、288E等，对雏鸡有一定的致病力和免疫抑制力，在传染性法氏囊炎重污染地区可以使用。

肉鸡免疫一般采取14日龄法氏囊冻干苗滴口，28日龄法氏囊冻干苗饮水。在容易发生法氏囊病的地区，14日龄法氏囊的免疫最好采用进口疫苗，每只鸡1羽份滴口，或2羽份饮水。饲养50~55日龄出栏大肉食鸡的养殖户，如果28日龄还要免疫，可采用饮水法免疫，但用量要加倍。

（3）落实各项生物安全措施，严格消毒　进雏前，要对鸡舍、用具、设备进行彻底清扫、冲洗，然后使用碘制剂或福尔马林高锰酸钾熏蒸消毒。进雏后坚持使用1∶600倍的聚维酮碘溶液带鸡消毒，隔日一次。

12. 鸡痘是怎么流行的?

鸡痘是由鸡痘病毒引起的一种接触性传染病，以体表无毛、少毛处皮肤出现痘疹或上呼吸道、口腔和食管黏膜的纤维素性坏死形成假膜为特征的一种接触性传染病。因影响肉鸡产品质量，所有食品企业拒收患病鸡，即便能勉强收购，售价也很低。

各种年龄的鸡均可感染，但主要发生于幼鸡。主要通过皮肤或黏膜的伤口感染而发病，吸血昆虫，特别是蚊虫（库蚊、伊蚊和按蚊）吸血，在本病中起着传播病原的重要作用。

一年四季均可发生，但以秋季和冬季多见。秋季和初冬多见皮肤型，冬季多见黏膜型。

蚊子吸取过病鸡的血液，之后即带毒长达10~30天，其间易感染的鸡就会通过蚊子的叮咬而感染；鸡群恶癖，啄毛，造成外伤，鸡群密度大，通风不良，鸡舍内阴暗潮湿，营养不良，均可成为本病的诱因。没有免疫鸡群或者免疫失败鸡群高发。

13. 鸡痘有哪些主要临床症状及病理变化?

根据症状、病变、病毒侵害鸡体部位的不同，分为皮肤型、黏膜型、混合型。开始以个体皮肤型出现，发病缓慢不被养殖户重视，接着出现眼流泪，出现泡沫，个别出现鸡只呼吸困难，喉头出现黄色假膜，造成鸡只死亡现象。

（1）皮肤型鸡痘　特征是在鸡体表面无毛或少毛处，如鸡冠、肉垂、嘴角、眼睑、耳球和腿脚、泄殖腔和翅的内侧等部位形成一种特殊的痘疹。痘疹开始为细小的灰白色小点，随后体积迅速增大，形成如豌豆大黄色或棕褐色的结节。

一般无明显的全身症状，对鸡的精神、食欲无大影响。但感染严重的病例，体质衰弱者，则表现出精神萎靡、食欲不振、体重减轻、生长受阻现象。

皮肤型鸡痘一般很难见到明显的病理变化。

（2）黏膜型鸡痘　也称白喉型鸡痘。痘疮主要出现在口腔、咽喉、气管、眼结膜等处的黏膜上，痘痂堵塞喉头，往往使鸡窒息死亡。

表现为病鸡精神委顿、厌食，眼和鼻孔流出液体。2~3 天后，口腔和咽喉等处的黏膜发生痘疹，初呈圆形的黄色斑点，逐渐形成一层黄白色的假膜，覆盖在黏膜上面。吞咽和呼吸受到影响，发出“嘎嘎”的声音，痂块脱落时破碎的小块痂皮掉进喉和气管，形成栓塞，呼吸困难，甚至窒息死亡。

（3）混合型鸡痘　病禽皮肤和口腔、咽喉同时受到侵害，发生痘斑。病情严重，死亡率高。

14. 怎样防控鸡痘?

（1）预防　最有效的方法是接种鸡痘疫苗。夏秋流行季节，建议肉鸡养殖场户于 5~10 日龄接种鸡痘鹌鹑化弱毒冻干疫苗 200 倍稀释，摇匀后用消毒刺种针或笔尖蘸取，在鸡翅膀内侧无血管处进行皮下刺种，每只鸡刺种一下。刺种后 3~4 天，抽查 10% 的鸡作为样本，检查刺种部位。如果样本中有 80% 以上的鸡在刺种部位出现痘肿，说明刺种成功。否则应查找原因并及时补种。

经常消除鸡舍周围的杂草，填平臭水沟和污水池，并经常喷洒杀蚊蝇剂，消灭和减少蚊蝇等吸血昆虫危害；改善鸡群饲养环境。

（2）治疗　发病后，皮肤型鸡痘可以用镊子剥离痘痂，用碘甘油或龙胆紫涂抹。黏膜型可以用镊子小心剥掉假膜后喷入消炎药物，或用碘甘油或蛋白银溶液涂抹。眼内可用双氧水消毒后滴入氯霉素眼药水。

大群用中药抗病毒、抗菌消炎，控制继发感染。饲料中添加维生素 A 有利于本病的恢复。

15. 怎样诊断肉鸡包涵体肝炎?

肉鸡包涵体肝炎是由禽腺病毒引起的一种急性传染病，临床上以病鸡死亡突然增多，肝脏出血，严重贫血，黄疸，肌肉出血和死亡率突然增高，并在肝细胞中形成核内包涵体为特征。

（1）发病情况　本病主要感染鸡和鹌鹑、火鸡，多发于 3~15 周龄的鸡，其中以 3~9 周龄的肉鸡最常见，最早的见于 4~10 日龄肉鸡。

本病可通过鸡蛋传递病毒，也可从粪便排出，因接触病鸡和污染的鸡舍而传递，感染后如果继发大肠杆菌病或梭菌病，则死亡率和肉品废弃率均会增高。本病的发生往往与其他诱发条件如传染性法氏囊病有关。以春、秋两季发生较多，病愈鸡能获终身免疫。

本病发病率不高，大部分呈零星发病。

（2）临床症状与病理变化　肉鸡发病迅速，常突然出现死鸡。病鸡发热，精神委顿，食欲减少，排白绿色稀粪，嗜睡，羽毛蓬乱，曲腿蹲立。在饲料不断增长的阶段不会发现减料现象。病鸡有明显的肝炎和贫血症状。

① 肝肿大、土黄或苍白、肥厚、褪色，呈淡褐色或黄褐色，严重的就好像煮熟的鸡蛋黄，质脆易碎，表面和切面上有点状或斑状出血，并有胆汁淤积的斑纹。

② 中后期，肝脏表面有密集的小出血点和出血斑。

③ 病鸡表现明显贫血，胸肌苍白。

16. 怎样防制肉鸡包涵体肝炎?

目前尚无有效疫苗和有效疗法。发病期间，电解多维、维生素 C、鱼肝油、K_3 全程应用，氟苯尼考、头孢菌素交替应用，黄芪多糖和保肝护肾的中药联合使用，可防止继发、并发症。

注意卫生管理，预防其他传染病尤其是法氏囊病的混合感染。发生本病的鸡场，在饲料中加入复合维生素和微量元素。

17. 怎样诊断肉鸡病毒性关节炎?

（1）发病情况　肉鸡病毒性关节炎是由呼肠孤病毒引起的传染病，又名腱滑膜炎。本病的特征是胫跗关节滑膜炎、腱鞘炎等，可造成鸡淘率增加、生长受阻，饲料报酬低。

本病仅见于鸡，可通过种蛋垂直传播。多数鸡呈隐性经过，急性感染时，可见病鸡跛行，部分鸡生长停滞；慢性病例，跛行明显，甚至跗关节僵硬，不能活动。有的患鸡关节肿胀、跛行不明显，但可见腓肠肌腱或趾屈肌腱部肿胀，甚至腓肠肌腱断裂，并伴有皮下出血，呈现典型的蹒跚步态。死亡率虽不高，但出现运动障碍，生长缓慢，饲料报酬低，胴体品质下降，淘汰率高，严重影响经济效益。

（2）临床症状和剖检变化　病鸡食欲不振，消瘦，不愿走动，跛行；腓肠肌断裂后，腿变形，顽固性跛行，严重时瘫痪。

剖检，肉鸡趾屈腱及伸腱发生水肿性肿胀，腓肠肌腱粘连、出血、坏死或断裂。跗关节肿胀、充血或有点状出血，关节腔内有大量淡黄色、半透明渗出物。出现结节状增生，关节硬固变形，表面皮肤呈褐色。腱鞘发炎、水肿。有时可见心外膜炎，肝、脾和心肌上有小的坏死灶。慢性病例可见腓肠肌腱明显增厚、硬化、断裂。

18. 如何防控肉鸡病毒性关节炎?

（1）预防

① 加强饲养管理。注意肉鸡舍及环境，从无病毒性关节炎的肉鸡场引种。坚持执行严格的检疫制度，淘汰病肉鸡。

② 免疫接种。目前，实践应用的预防病毒性关节炎的疫苗有弱毒苗和灭活苗两种。种鸡群的免疫程序是：1~7 日龄和 4 周龄各接种一次弱毒苗，开产前接种一次灭活苗，减少垂直传播的几率。但应注意不要和马立克氏病疫苗同时免疫，以免产生干扰。

（2）治疗　目前对于发病鸡群尚无有效的治疗方法。可试用干扰素、白介苗抑制病毒复制，抗生素防止继发感染。

19. 如何诊断鸡淋巴细胞白血病?

鸡白血病是由一群具有共同特性的病毒（RNA 黏液病毒群）引起鸡的慢性肿瘤性疾病的总称，淋巴细胞性白血病是在白血病中最常见的一种。

（1）发病情况　淋巴细胞性白血病病毒主要存在于病鸡血液、羽毛囊、泄殖腔、蛋清、胚胎以及雏鸡粪便中。该病毒对理化因素抵抗力差，各种消毒药均敏感。

本病的潜伏期长，呈慢性经过，小鸡感染大鸡发病，一般 6 月龄以上的鸡才出现明显的临床症状和死亡。主要是通过垂直传播，也可通过水平传播。感染率高，但临床发病者很少、多呈散发。

（2）临床症状

① 在 4~5 月龄的鸡群中，偶尔出现个别鸡食欲减退，进行性消瘦，精神沉郁，冠及肉髯苍白皱缩或暗红。

② 常见腹泻下痢，拉绿色稀粪，腹部膨大，站立不稳，呈企鹅姿势。

③ 手可触及到肿大的肝脏，最后衰竭死亡。

④ 临床上的渐进性发病、死亡和死亡率低是其特点之一。

（3）病理变化

① 剖检，肝脏肿大，比正常肝脏大 5~15 倍。可延伸到耻骨前缘，充满整个腹腔，俗称“大肝病”。肝质地脆弱，并有大理石文彩，表面有弥漫性肿瘤结节。

② 脾脏肿胀，似乒乓球，表面有弥散性灰白色坏死灶。

③ 腔上囊肿瘤性增生，极度肿胀。

④ 肾脏可见肿瘤。

⑤ 骨髓褪色，呈胶冻样或黄色脂肪浸润。

⑥ 病鸡其他多个组织器官也有肿瘤。

20. 如何防控鸡淋巴细胞白血病？

目前无有效治疗方法。患淋巴性白血病的病鸡没有治疗价值，应着重做好疫病防控工作。

① 鸡群中的病鸡和可疑病鸡，必须经常检出淘汰。

② 淋巴性白血病可以通过鸡蛋传染，孵化用的种蛋和留种用的种鸡，必须从无白血病鸡场引进。孵化用具要彻底消毒。种鸡群如发生淋巴细胞性白血病，鸡蛋不可再作种用。

③ 幼鸡对淋巴性白血病的易感性高，必须与成年鸡隔离饲养。

④ 通过严格的隔离、检疫和消毒措施，逐步建立无淋巴性白血病的种鸡群。

21. 如何诊断鸡心包积液综合征？

（1）发病情况　心包积液综合征由Ⅰ群腺病毒引起，也叫安卡拉病，近几年开始流行。各品种鸡都可以发病，比如麻鸡、土鸡、蛋鸡、白羽肉鸡、种鸡等。目前观察到的病例大都以接触传播为主，垂直传播现象不明显。

水平传播为主要传染方式。发病日龄集中在20~60日龄，最早可见7日龄维鸡发病；鸡群日死亡率0.5%~2%，病程2~3周，死淘率10%~30%；发病日龄越早，死淘率越高：表现为死亡突然，死亡快。与法氏囊病、鸡新城疫、大肠杆菌病等发生混合感染时，可导致鸡群较高的死亡率（大于30%）。

（2）临床症状　病鸡突然性的精神沉郁、饮水量增加、羽毛蓬松、贫血、腹泻最后死亡，由于病程较快，不出现减料等症状。

（3）病理变化

① 心包积液，心脏肿大松软；肺脏水肿；肝脏肿大，苍白，变性，质脆，出现灰白色坏死灶；

② 盲肠扁桃体肿胀，有的肠道淋巴结肿胀突起。部分病鸡肾脏肿大，肺脏充血并出现灰白色渗出物。

22. 怎样防控鸡心包积液综合征?

本病为典型接触式传播疾病，应以消毒防疫为关键点，辅以卵黄抗体、疫苗治疗或预防。生产实践证明，小群（分栏）饲养和带鸡消毒可大大减少病毒的传播和扩散几率。

（1）加强消毒防疫措施

① 养殖场消毒。本病除经蛋传播外，也可水平传播：腺病毒无囊膜病毒，推荐使用戊二醛类、碘类消毒剂带鸡消毒和环境消毒，可配合过氧乙酸类消毒剂在鸡舍内熏蒸。

② 管理员要求。管理员尽量减少进入鸡舍内部，指定固定管理员专门负责跟踪发病鸡群。

③ 种鸡场消毒。进出人员做好消毒隔离工作，严禁肉鸡生产、销售人员进入场区；做好出入车辆消毒与淘汰鸡销售防疫工作。

④ 车辆消毒。拉料车与卖鸡车辆分开使用，饲料车与养户车辆进出均需严格消毒；严格执行销售部进出车辆与鸡笼消毒。

（2）发病鸡群用药建议　使用抗生素和化药会加重发病鸡的肝肾负担，使死淘量进一步增加，建议使用的药物有：保肝护肝解毒补充能量，通肾缓解心包积液、肝肾水肿，抗应激（如维生素 C、红糖）等，中药饮水或拌料来减轻肝肾负担。

根据临床应用情况看，使用以上药物仅能缓解症状，对疾病的治疗作用有限。

（3）高免卵黄抗体　精制卵黄抗体是治疗禽腺病毒感染的有效方案，粗制抗体由于杂质较多，容易造成机体过大的应激反应。

心包积液综合征最有效的治疗方式是注射腺病毒的卵黄抗体。一般注射后 3 天左右即可停止死亡。

① 建议用量：80 日龄以内的雏鸡 1 毫升 / 只，80 日龄以上的鸡 1.5 毫升 / 只。

② 抗体要在早期使用，一般在发病后 3~10 天使用最佳。

③ 在发病鸡群体使用时，要先接种健康鸡只，再接种发病鸡。

④ 个别鸡群会有反复，可以重复接种一次，或者配合紧急接种疫苗。

（4）疫苗免疫　从根本上防控还是要通过疫苗预防才能控制本病。建议在污染比较严重的地区，进行疫苗的免疫，提高下一代的母源抗体，以保护鸡群的感染和发病。

灭活疫苗对该病有较好的防控效果。灭活疫苗有两种：一种是利用本场发病鸡的肝脏制备组织苗，另一种是利用分离Ⅰ群禽腺病毒毒株制备的油乳剂灭活疫苗。禽腺病毒疫苗必须包括当前我国流行的 FadV-4 血清型毒株。疫苗免疫程序：2~3 周龄以及开产前各免疫一次较好。

① 组织灭活苗。对发病较为严重的地区，制备自家组织灭活苗较为有效。

② 油苗免疫。目前已有油苗、高免卵黄抗体等产品，部分单位已经开始使用，应用效果有待进一步观察和评估。

肉鸡（黄羽肉鸡类）：将腺病毒油苗加入 10 天、20 天肉鸡免疫程序中。推荐免疫程序见表 5-1。

表 5-1　肉鸡免疫程序

日龄	疫苗	剂量
10	ND、H9、H5、腺病毒（单苗）	1：1：1：1，共 0.4 毫升
20	ND、H9、H5、腺病毒（单苗）	1：1：1：1，共 0.5 毫升

种鸡：垂直传播是腺病毒的重要传播途径，建议发病地区对开产前和产蛋高峰后种鸡进行补免，补免剂量为 0.5 毫升（腺病毒单苗）。建议的免疫程序见表 5-2。

表 5-2　种鸡免疫程序

日龄	疫苗	剂量
10	ND、H9、H5、腺病毒（单苗）	1：1：1：1，共 0.4 毫升
20	ND、H9、H5、腺病毒（单苗）	1：1：1：1，共 0.5 毫升
120	腺病毒（单苗）	0.5 毫升

23. 怎样诊断肉鸡大肠杆菌病?

（1）发病情况　本病是由大肠杆菌的某些致病性血清型引起的疾病总称，多呈继发或并发。由于大肠杆菌血清型众多，且容易产生耐药性，因此治疗难度较大，发病率和死亡率高。

大肠杆菌是鸡肠道中的正常菌群，平时，由于肠道内有益菌和有害菌保持动态平衡状态，因此一般不发病。但当环境条件改变，鸡遇到较大应激，或在病毒病发作时，都容易继发或随病毒病等伴发。可通过消化道、呼吸道、污染的种蛋等途径传播，不分年龄、季节均可发生。饲养管理和环境条件越差，发病率和死亡率就越高。如污秽、拥挤、潮湿、通风不良的环境，过冷过热或温差很大的气候变化，有毒有害气体（氨气或硫化氢等）长期存在，饲养管理不良，营养失调（特别是维生素的缺乏）以及病原微生物（如支原体及病毒）感染所造成的应激等，均可促进本病的发生。

（2）临床症状与病理变化

① 精神不振，常呆立一侧，羽毛松乱，两翅下垂。

② 食欲减少，冠发紫，排白色、黄绿粪便。

③ 当大肠杆菌和其他病原菌（如支原体、传染性支气管炎病毒等）合并感染时，病鸡多有明显的气囊炎。临床表现呼吸困难、咳嗽。

④ 剖检时有恶臭味儿。病理变化多表现为：心包炎，气囊浑浊、增厚，有干酪物，心包积液，有炎性分泌物；肝周炎，肝肿大，有白色纤维素状渗出；有些蛋鸡群头部皮下有胶冻状渗出物；腹膜炎，雏鸡有卵黄收缩不良、卵黄性腹膜炎等变化，中大鸡发病有的还表现为腹水征。

有些情况下，大肠杆菌病还表现以下不同类型。

全眼球炎表现为眼睑封闭，外观肿大，眼内蓄积多量脓性或干酪样物质。眼角膜变成白色不透明、表面有黄色米粒大的坏死灶。内脏器官多无变化。

大肠杆菌性肉芽肿，是在病鸡的小肠、盲肠、肠系膜及肝脏、心脏等表面形成典型的肉芽肿，外观与结核结节及马立克氏病相似。

24. 如何综合防控鸡大肠杆菌病?

（1）预防

① 选择质量好、健康的鸡苗，这是保证后期大肠杆菌病少发的一个基础。

② 大肠杆菌是条件性致病菌，所以良好的饲养管理是保证该病少发的关键。例如温度、湿度、通风换气、圈舍粪便处理等都与大肠杆菌病的发生息息相关。同时，控制病毒病。

③ 适当的药物预防。药物的选择可根据鸡只日龄，听从兽医专家的建议，不可滥用。

（2）治疗

① 弄清该鸡群发生的大肠杆菌病是原发病还是继发病，是单一感染还是和其他疾病混合感染，这是成功治疗本病的关键。积极治疗原发病。

② 通过细菌培养和药敏试验选择高敏的大肠杆菌药物作为首选药物。

③ 增加维生素的添加剂量，提高机体抵抗力。

④ 改善圈舍条件，提高饲养管理水平。

25. 怎样防控鸡坏死性肠炎?

坏死性肠炎又称肠毒血症，是由魏氏梭菌（A 型产气荚膜梭菌）引起的一种急性传染病。主要表现为病鸡排出黑色间或混有血液的粪便，病死鸡以小肠后段黏膜坏死为特征。

（1）发病情况　自然条件下仅见鸡发生本病，肉鸡、蛋鸡均可发生，尤以平养鸡多发，育雏和育成鸡多发。一年四季均可发生，但在炎热潮湿的夏季多发。该病的发生多有明显的诱因，如鸡群密度大、通风不良；饲料的突然更换且饲料蛋白质含量低；不合理地使用药物添加剂；球虫病的发生等均会诱发本病。一般情况下该病的发病率、死亡率不高。

（2）临床症状与病理变化　病鸡精神沉郁，羽毛粗乱，食欲减退或废绝，发病早期表现为水泻，随着病情加重，排黄白色稀粪或排黄褐色糊状粪便，臭粪；有时排红色乃至黑褐色煤焦油样粪便，有的粪便混有血液或白色肠黏膜组织；多数病雏不显任何症状而突然死亡。慢性病例生长迟缓，排石灰水样稀便，肛门周围常被粪便污染。

病变主要在小肠，尤其是空肠和回肠部分。小肠显著肿粗至正常的2~3倍，扩张、充满气体，肠壁坏死，出血，呈紫红色；肠壁充血、出血或因附着黄褐色伪膜而肥厚、脆弱。肠内容物少，消化差，常可见到未被消化的饲料残渣，肠黏膜有卡他性炎到坏死性炎，肠黏膜脱落、出血、坏死。早期感染病例只能见到回肠、直肠段肠黏膜有米粒大小、似痱子状坏死灶，这类鸡主要表现为水泻。

（3）防控　首先对鸡舍进行常规消毒，隔离病鸡。选择敏感抗菌药物，全群饮水或混饲给药。因肠道梭菌易与鸡小肠球虫病混合感染，故一般在治疗过程中，要适当加入抗球虫药。

治疗的同时，鸡舍卫生条件要改善，认真做好兽医卫生消毒工作，减少密度，加强通风，搞好饲养管理等工作对迅速控制本病非常重要。对本病的预防主要是加强饲养管理，提高鸡只抗病能力。采取有效措施减少各种应激因素的影响，并做好其他疾病的预防工作。平养鸡要控制球虫病，对防制本病有重要意义。

26. 沙门氏杆菌可引起肉鸡的哪些疾病?

肉鸡沙门氏菌病是由沙门氏菌属引起的一组传染病，包括鸡白痢、鸡伤寒和鸡副伤寒等。

沙门氏菌属是一大属血清学相关的革兰氏阴性杆菌，共有3 000多个血清型。禽沙门氏菌病依据其病原体不同可分为5种类型。由鸡白痢沙门氏菌所引起的称为鸡白痢，由鸡伤寒沙门氏菌引起的称为禽伤寒，而其他有鞭毛能运动的沙门氏菌所引起的禽类疾病则统称为禽副伤寒。诱发禽副伤寒的沙门氏菌能广泛地感染各种动物和人类。因此，在公共卫生上也有重要意义。

（1）鸡白痢　是雏鸡的一种急性、败血性传染病。2周龄以内的雏鸡发病率和死亡率都很高，成年鸡多呈慢性经过，症状不典型，但带菌种鸡可通过种蛋垂直传播给雏鸡，还可通过粪便水平传播。大多通过带菌的种蛋垂直传播。如果孵化了带菌的种蛋，雏鸡出壳1周内就可发病死亡，对育雏成活率影响极大。育成期虽有感染，但一般无明显临床症状，种鸡场一旦被污染，很难根除。

感染种蛋孵化时，一般在孵化后期或出雏器中可见到已死亡的胚胎和即将垂死的弱雏。

（2）禽伤寒 主要发生于育成鸡和产蛋鸡。4~20 周龄的青年鸡，特别是 8~16 周龄最易感。带菌鸡是本病的主要传染源。主要通过粪便感染，通过眼结膜或其他介质机械传播，也可通过种蛋垂直传播给雏鸡。

（3）禽副伤寒 是由鼠伤寒、肠炎等沙门氏菌引起的疾病总称。主要发生于 4~5 日龄的雏鸡，可引起大批死亡。以下痢、结膜炎和消瘦为特征。人吃了经污染的食物后易引起食物中毒，应引起重视。主要通过消化道和种蛋传播，也可通过呼吸道和皮肤伤口传染，一般多呈地方性流行。雏鸡多呈急性败血症经过，成年鸡多呈隐性感染。

27. 沙门氏杆菌病有哪些临床症状与病理变化?

（1）鸡白痢 早期急性死亡的雏鸡，一般不表现明显的临床症状；3 周以内的雏鸡临床症状比较典型，表现为怕冷、尖叫、两翅下垂、反应迟钝、减食或废绝；排出白色糊状或白色石灰浆状的稀粪，有时粘附在泄殖腔周围。因排便次数多，肛门常被粘糊封闭，影响排粪，常称“糊肛”，病雏排粪时感到疼痛而发出尖叫声。鸡白痢病鸡还可出现张口呼吸症状。

主要病理变化如下。

① 心肌变性，心肌上有黄白色、米粒大小的坏死结节。

② 病鸡瘦弱，肝脏上有密集的灰白色坏死点；肺瘀血、肉变、出血坏死。

③ 脾脏肿胀、出血、坏死。

④ 慢性鸡白痢引起盲肠肿大，形成肠芯。胰腺肉芽肿。

⑤ 卵黄吸收不全。

（2）禽伤寒

① 临床症状。病鸡精神差，贫血，冠和肉髯苍白皱缩，拉黄绿

色稀粪。雏鸡发病与鸡白痢基本相似。

② 病理变化。肝肿大，呈浅绿、棕色或古铜色，质脆，胆囊充盈膨大；肺瘀血；肠道有卡他性炎症，肠黏膜有溃疡，以十二指肠较严重，内有绿色稀粪或黏液；雏鸡病变与鸡白痢基本相似。

（3）禽副伤寒

① 临床症状。病雏嗜睡，畏寒，严重水样下痢，泄殖腔周围有粪便粘污。

② 病理变化。急性死亡的病雏鸡病理变化不明显。病程稍长或慢性经过的雏鸡，出血性肠炎。肠道黏膜水肿，局部充血和点状出血，肝肿大，青铜肝，有细小灰黄色坏死灶。

28. 如何防控鸡沙门氏菌病？

① 雏鸡（开口时）可选用敏感的药物加入饲料或饮水中预防，防止早期感染。

② 保证鸡群各个生长阶段、生长环节的清洁卫生，杀虫防鼠，防止粪便污染饲料、饮水、空气、环境等。

③ 商品肉鸡要实行全进全出，推行自繁自养。

④ 加强育雏期的饲养管理，保证育雏温度、湿度和饲料的营养。

⑤ 治疗原则：抗菌消炎，提高抗病能力。可选择敏感抗菌药物预防和治疗，防止扩散。常用药物有庆大霉素、氟喹诺酮类、磺胺二甲基嘧啶等。

⑥ 在饲料中添加微生态制剂，利用生物竞争排斥的现象预防鸡白痢。常用的商品制剂有促菌生、强力益生素等，可按照说明书使用。

⑦ 使用本场分离的沙门氏菌制成油乳剂灭活苗，做免疫接种。

⑧ 种鸡场必须适时检疫，检疫的时机以 140 日龄左右为宜，及时淘汰检出的阳性鸡。种蛋入孵前要熏蒸消毒，同时要做好孵化环境、孵化器、出雏器及所有用具的消毒。

29. 怎样防控肉鸡坏死性肠炎？

本病的病原为 A 型产气荚膜梭状芽孢杆菌，又称魏氏梭菌。在正常的动物肠道就有魏氏梭菌，它是多种动物肠道的寄居者，因此，粪便内就有它的存在，粪便可以污染土壤、水、灰尘、垫料、一切器具等。本病经常与小肠球虫病并发或继发，且一般的药物和常规剂量难以产生疗效。受各种应激因素的影响，如饲料中蛋白质含量的增加，肠黏膜损伤，口服抗生素，污染环境中魏氏梭菌的增多等都可造成本病的发生与流行。以严重消化不良、生长发育停滞，排红褐色乃至黑褐色煤焦油样稀粪为特征。

本病显著的流行特点是，在同一区域或同一鸡群中反复发作，断断续续地出现病死鸡和淘汰鸡，病程持续时间长，可直至该鸡群上市。

（1）临床症状与病理变化

① 主要侵害 2~5 周龄地面平养的肉鸡，2 周龄以内的雏鸡也可发病。

② 精神沉郁，闭眼嗜睡，食欲减退，腹泻，羽毛粗乱；生长发育受阻，排黑色、灰色稀便，有时混有血液。

③ 眼观病变仅限于小肠，特别是空肠和回肠，部分盲肠也可见病变。肠壁脆弱、扩张，充满气体，肠黏膜附着疏松或致密伪膜，伪膜外观呈黄色或绿色。肠壁浆膜层可见出血斑，有的毛细血管破裂呈紫红色。黏膜出血深达肌层，时有弥漫性出血并发生严重坏死。

（2）治疗　首先对鸡舍常规消毒，隔离病鸡。选择敏感药物，如杆菌肽、青霉素、泰乐菌素、盐霉素等，全群饮水或混饲给药。因肠道梭菌易与鸡小肠球虫病混合感染，故一般在治疗过程中，要适当加入抗球虫药。

30. 如何防控鸡传染性鼻炎？

鸡传染性鼻炎是由副鸡嗜血杆菌引起的一种急性呼吸道传染病，多发生于阴冷潮湿季节。主要通过健康鸡与病鸡接触或吸入了被病菌污染的飞沫而迅速传播，也可通过被污染的饲料、饮水经消化道传染。

（1）发病情况　副鸡嗜血杆菌对各种日龄的鸡群都易感，但雏鸡很少发生。在发病频繁的地区，发病正趋于低日龄，多集中在 35~70 日龄。一年四季都可发生，以秋冬季、春初多发。可通过空气、飞

沫、饲料、水源传播，甚至人员的衣物鞋子都可作为传播媒介。一般潜伏期较短，仅1~3天。

（2）临床症状及病理变化

① 传染性鼻炎主要特征有喷嚏、发烧、鼻腔流黏液性分泌物、流泪、结膜炎、颜面和眼周围肿胀和水肿。病鸡精神不振，食欲减少，病情严重者引起呼吸困难和啰音。

② 眼部经常可见卡他性结膜炎。

③ 鼻腔、窦黏膜和气管黏膜出现急性卡他性炎症，充血、肿胀、潮红，表面覆有大量黏液，窦内有渗出物凝块或干酪样坏死物。

（3）防控　加强饲养管理，搞好卫生消毒，防止应激，搞好疫苗接种。根据本场实际情况选择适合的传染性鼻炎灭活疫苗，严重时可利用本场毒株制作自家苗有的放矢地预防。

本病治疗的基本原则是抗菌消炎，清热通窍。磺胺类药物是首选，大环内酯类、链霉素、庆大霉素有效。

31. 怎样防控鸡葡萄球菌病?

鸡葡萄球菌病是由金黄色葡萄球菌或其他葡萄球菌感染所引起鸡的急性败血症或慢性关节炎、脐炎、眼炎、肺炎的传染病。其临床表现为急性败血症、关节炎、雏鸡脐炎、皮肤坏死和骨膜炎。雏鸡感染后多为急性败血症的症状和病理变化；中雏病为急性或慢性；成年鸡多为慢性。雏鸡和中雏病死率较高，因而该病是集约化养鸡场中危害严重的疾病之一。

（1）发病情况　金黄色葡萄球菌在自然界中分布广，皮肤、羽毛、肠道等处存在着大量细菌，当鸡体受到创伤时感染发病，雏鸡的脐带感染最常见。一年四季都可发病，在阴雨潮湿季节，饲养管理不善时多发，40~60日龄的鸡，特别是肉鸡发病最多。

（2）临床症状

① 翅部出血坏死；胸、腹部皮肤发生炎症，皮下有紫色和紫黑色胶冻样水肿液，有波动感，局部脱毛，有些自然破溃，流出液体粘连周围羽毛。

② 关节肿胀，呈紫黑色，触及有波动感，出现跛行，有的脚底

肿大、化脓。

③ 雏鸡脐带愈合不良，出现脐炎，脐孔周围发炎肿大，变紫黑，质硬，俗称“大肚脐”。

④ 眼部发病出现流泪，眼肿，分泌物增多，失明。

（3）病理变化

① 急性败血型。表现胸、腹、脐部肿胀，黑紫，剪开后出现皮下出血，有大量胶冻样粉红色水肿液，肌肉有出血斑或条纹。

② 关节炎型。见关节肿胀处皮下水肿，关节液增多，关节腔内有白色或黄色絮状物。

③ 内脏型。肝脏肿大呈紫红色，肝、脾及肾脏有白色坏死点或脓疱，心包积液呈红色，半透明状。腺胃黏膜有弥漫性出血和坏死。

④ 皮肤型。体表不同部位见皮炎、坏死甚至坏疽变化。

（4）防控　防止外伤。断喙、剪趾、注射和刺种时注意消毒，防止孵化污染，做好饲养管理工作。

治疗时抗菌消炎，对症处理，改善环境，消除诱因。多种抗生素治疗有效。

32. 如何防控鸡支原体病（慢性呼吸道病）？

鸡支原体病又名慢性呼吸道病，是由鸡毒支原体引起的鸡的一种接触性、慢性呼吸道传染病。其特征是上呼吸道及邻近的窦黏膜炎症，常蔓延到气囊、气管等部位。表现为咳嗽、鼻涕、气喘和呼吸杂音。本病发展缓慢，又称败血霉形体病。

（1）发病情况　本病的传播方式有水平传播和垂直传播，水平传播是病鸡通过咳嗽、喷嚏或排泄物污染空气，经呼吸道传染，也能通过饲料或水源由消化道传染，也可经交配传播。垂直传播是由隐性或慢性感染的种鸡所产的带菌蛋，可使 14~21 日龄的胚胎死亡或孵出弱雏，这种弱雏因带病原体又能引起水平传播。

本病在鸡群中流行缓慢，仅在新疫区表现急性经过，当鸡群遭到其他病原体感染或寄生虫侵袭时，以及降低鸡体抵抗力的应激因素如预防接种、卫生不良、鸡群过分拥挤、营养不良、气候突变等均可促使或加剧本病的发生和流行。带有本病病原体的幼雏，用气雾或滴鼻的途径免疫时，能诱发致病。若用带有病原体的鸡胚制作疫苗时，则能造成疫苗的污染。本病一年四季均可发生，但以寒冷的季节流行较严重。

（2）临床症状

① 病鸡先是流稀薄或黏稠鼻液，打喷嚏，咳嗽，张口呼吸，呼吸有气管啰音，夜间比白天听得更清楚，严重者呼吸啰音大，似青蛙叫。

② 病鸡食欲不振，体重减轻消瘦。眼球受到压迫，发生萎缩和造成失明，可以侵害一侧眼睛，也可能两侧同时发生。

③ 易与大肠杆菌、传染性鼻炎、传染性支气管炎混合感染，从而导致气囊炎、肝周炎、心包炎，增加死亡率。若无病毒和细菌并发感染，死亡率低。

④ 滑液囊支原体感染时，关节肿大，病鸡跛行甚至瘫痪。

（3）病理变化

① 鼻腔、气管、支气管和气囊中有渗出物，眶下窦黏膜发炎，气管黏膜常增厚。鼻窦、眶下窦卡他性炎症及黄色干酪样物。

② 肺脏出血性坏死；气囊膜浑浊、增厚，囊腔中含有大量干酪样渗出物。与大肠杆菌混感时，可见纤维素性心包炎、肝周炎、气囊炎。

③ 气管栓塞，可见黄色干酪样物堵塞气管。

④ 支原体关节炎时，关节肿大，尤其是跗关节，关节周围组织水肿。

（4）防控　加强饲养管理，搞好卫生消毒，对种鸡群一定要定期检查血清学，淘汰阳性鸡；也可接种疫苗（有弱毒苗和灭活苗，按说明书使用）。

泰乐菌素、支原净等对鸡毒支原体都有效，但易产生耐药性。选用药物，最好先做药敏试验，也可轮换或联合使用药物。泰乐菌素时，可通过鸡的饮水给药，用量是在每千克饮水中，兑入 5~10 克的泰乐菌素，或者通过鸡的饲料来给药，用量是在每千克饲料中，拌入10~20 克的泰乐菌素。泰乐菌素不能与聚醚类抗生素合用。使用泰乐菌素 + 甘草合剂 + 维生素 A，喷雾给药，效果好。

33. 如何防控鸡曲霉菌病?

曲霉菌病又称霉菌性肺炎。烟曲霉菌菌落初长为白色致密绒毛状，菌落形成大量孢子后，其中心呈浅蓝绿色，表面呈深绿色、灰绿色甚至为黑色丝绒状。

（1）发病情况　曲霉菌病是平养肉鸡常见的一种真菌性疾病，由曲霉菌引起，常呈急性暴发和群发性发生。主要危害20日龄内雏鸡。多见于温暖多雨季节，因垫料、饲料发霉，或因雏鸡舍通气不良而导致霉菌大量生长，雏鸡吸入大量霉菌孢子而感染发病。

一般来说肉鸡发生霉菌常因与霉变的垫料、饲料接触或吸入大量霉菌孢子而感染。饲料的霉变多为放置时间过长、吸潮或鸡吃食时饲料掉到垫料中所引起，垫料的霉变更多的是木糠、稻壳等未能充分晒干吸潮而致。

（2）临床症状

① 20日龄内肉鸡多呈暴发，成鸡多散发。

② 精神沉郁，嗜睡，两翅下垂，食欲减少或废绝。伸颈张口，呼吸困难，甩鼻，流鼻液，但无喘鸣声。个别鸡只出现麻痹、惊厥、颈部扭曲等神经症状。

（3）病理变化

① 病变主要见于肺部和气囊，肺部见有曲霉菌菌落和粟粒大至绿豆大黄白色或灰白色干酪样坏死结节，其质地较硬，切面可见有层状结构，中心为干酪样坏死组织。严重时，肺部发炎。

② 食管形成假膜，肌胃角质层溃疡、糜烂。

③ 心包积液。

（4）防控措施

① 预防。严禁使用霉变的米糠、稻草、稻壳等作垫料，防止使用发霉饲料。所取的饲料应该在一定的时间内鸡群要吃完（一般7天内），饲料要用木板架起放置，防止吸潮。料桶要加上料罩，防止饲料掉下；垫料要常清理，把垫料中的饲料清除。

② 严格做好消毒卫生工作，可用0.4%的过氧乙酸带鸡消毒。

（5）治疗　治疗前，先全面清理霉变的垫料，停止使用发霉的饲料或清理地上发霉的饲料，用0.1%~0.2%的硫酸铜溶液全面喷洒鸡舍，更换上新鲜干净的谷壳作垫料。饮水器、料桶等鸡接触过的用具全面清洗并用0.1%~0.2%的硫酸铜溶液浸泡。0.2%硫酸铜溶液或0.2%龙胆紫饮水或0.5%~1%碘化钾溶液饮水，制霉菌素（100粒/包料）拌料，连用3天（每天1次），连用2~3个疗程，每个疗程间隔2天。注意控制并发或继发其他细菌病，如葡萄球菌等，可使用阿莫西林饮水。

34. 如何防控肉鸡白色念珠菌感染?

白色念珠菌病是由念珠菌引起的消化道真菌病，又叫消化道真菌病、鹅口疮或霉菌性口炎。

（1）发病情况　本病的病原体是念珠菌属的白色念珠菌。随着病鸡的粪便和口腔分泌物排出体外，污染周围的环境、饲料和饮水；易感鸡摄入被污染的饲料和饮水而感染，消化道黏膜的损伤也有利于病原菌的侵入。本病也可以通过污染的蛋壳感染。恶劣的环境卫生及鸡群过分拥挤，饲养管理不良等，均可诱发本病。

（2）临床症状与病理变化

① 多感染2月龄以内的鸡。

② 雏鸡主要表现为生长不良、发育受阻、倦怠无神、羽毛松乱；采食量略降，饮水量增加，发病早期倒提时口中有酸臭黏液流出；嗉囊肿大，排绿色水样粪便。严重病例呼吸急促、下痢、脱水衰竭而死。

③ 嗉囊，黏膜表面散布有薄层疏松的褐白色坏死物（假膜），并散布有白色、圆形隆起的溃疡灶，嗉囊内壁有白色絮状物，表面易剥脱。

④ 肝脏表面奶油状分泌物。

⑤ 心冠脂肪消失，心包液有大量白色尿酸盐沉积。

（3）防治　严禁使用霉变饲料和垫料，保持鸡舍清洁、干燥、通风。潮湿雨季，在鸡的饮水中加入0.02%结晶紫或在饲料中加入0.1%赤霉素，每周喂2次可有效预防本病。定期用3%~5%的来苏尔溶液消毒鸡舍、垫料。

初期预防可选用硫酸铜，中、后期治疗可使用制霉菌素等。每千克饲料中添加制霉菌素 50~100 毫克，连喂 7 天，同时饮水中加入硫酸铜，连饮 5 天，可减轻病变的程度。

35. 怎样诊断鸡球虫病?

（1）发病情况　鸡球虫病是由寄生在雏鸡体内的艾美尔属球虫引起一种寄生类的传染性疾病。其中以柔嫩艾美耳幼虫的致病能力最强，对雏鸡造成的危害最为严重。该病的流行时间为每年的 5—9 月，温暖潮湿季节最容易引起该种疾病暴发，一般 15~60 日龄鸡发病最为严重，其死亡率 70%~90%。

（2）临床症状

① 病鸡精神沉郁，羽毛松乱，两翅下垂，闭眼似睡。

② 全身贫血，冠、髯、皮肤、肌肉颜色苍白。

③ 地面平养鸡发病早期偶尔排出带血粪便，并在短时间内采食加快，随着病情发展血粪增多。尾部羽毛被血液或暗红色粪便污染。

④ 笼养鸡、网上平养鸡，常感染小肠球虫，呈慢性经过，病鸡消瘦，间歇性下痢，羽毛松乱，闭眼缩做一团，采食量下降，排出未被完全消化的饲料粪（料粪），粪便中混有血色丝状物或肉芽状物，胡萝卜丝样物，或西瓜瓤样稀粪。

（3）病理变化

① 柔嫩艾美耳球虫感染时表现盲肠球虫。见两侧盲肠显著肿大，增粗，外观呈暗红色或紫黑色，内为暗红色血凝块或血水，并混有肠黏膜坏死物质。

② 毒害、巨型、堆型和哈氏艾美耳球虫感染时，主要损害小肠。小肠肿胀、出血，有严重坏死；肠黏膜上有致密的麸皮样黄色假膜，肠壁增厚，剪开自动外翻；肠浆膜面上有明显的淡白色斑点。有时可形成肠套叠。

36. 如何综合防控鸡球虫病?

（1）预防

① 严格消毒。空鸡舍常规消毒后，应用酒精喷灯对鸡舍的混凝土、金属物件器具以及墙壁（消毒范围不能低于鸡群 2 米）消毒，消

毒时一定要仔细，不能有疏漏的区域。

对木质、塑料器具用2%~3%的热碱水浸泡洗刷消毒。对饲槽、饮水器、栖架及其他用具，每7~10天（在流行期每3~4天），要用开水或热碱水洗涤消毒。

② 加强饲养管理。推广网上平养或笼养模式；加强垫料的管理；保持鸡舍清洁干燥，搞好舍内卫生，要使鸡含内温度适宜，阳光充足，通风良好；供给雏鸡富含维生素的饲料，以增强其抵抗力，在饲料或饮水内要增加维生素A和维生素K。

③ 做好定期药物预防。可以在7日龄首免新城疫后，选择地克珠利、妥曲珠利配合鱼肝油，将球虫在生长前期杀死。如有明显肠炎症状，可用地克珠利、妥曲珠利配合氨苄西林钠、舒巴坦钠、肠黏膜修复剂等治疗。在二免新城疫之前，若鸡群中有球虫病时，必须先治疗球虫病，再做新城疫免疫，防止引起免疫失败。10日龄前，也可不予预防性投药，待出现球虫后再作治疗，可以使鸡前期轻微感染球虫，后期获得对球虫感染的抵抗力。

（2）治疗　对急性盲肠球虫病，以30%的磺胺氯吡嗪钠为代表的磺胺类药物是治疗本病的首选药物。按鸡群全天采食量每100千克饲料200克饮水，4~5小时饮完，连用3天。

治疗急性小肠球虫病的首选药物是复合磺胺类药物，另外加治疗肠毒综合征的药物同时使用，效果更佳。

对慢性球虫病，以尼卡巴嗪、妥曲珠利、地克珠利为首选药物，配合治疗肠毒综合征的药物同时使用，效果更好。

对混合球虫感染的治疗，以复合磺胺类药物配合治疗肠毒综合征的药物饮水，连用2天，晚上用健肾、护肾的药物饮水。

37. 如何防控鸡组织滴虫病?

（1）发病情况　鸡组织滴虫病又称盲肠肝炎、鸡黑头病，是由组织滴虫属的火鸡组织滴虫寄生于禽类的盲肠和肝脏引起的一种鸡的原虫病。本病特征是肝脏呈榆钱样坏死，盲肠发炎呈一侧或双侧肿大；多发于雏火鸡和雏鸡。该病常造成鸡头颈部瘀血而呈黑色，故称黑头病。

（2）临床症状与病理变化

① 病鸡精神不振，食欲减退，翅下垂，呈硫黄色下痢，或淡黄色或淡绿色下痢。

② 黑头，鸡冠、肉髯、头颈瘀血，发绀。

③ 一侧或两侧盲肠发炎、坏死，肠壁增厚或形成溃疡，干酪样肠芯。

④ 肝脏肿大，表面有特征性扣状（榆钱样）凹陷坏死灶。肝出现颜色各异、不整圆形稍有凹陷的溃疡状灶，通常呈黄灰色，或是淡绿色。溃疡灶的大小不等，一般 1~2 厘米的环形病灶，也可能相互融合成大片的溃疡区。

（3）防控　加强饲养管理，建议采用笼养；用伊维菌素定期驱除异刺线虫。

38. 如何防控鸡住白细胞原虫病？

（1）发病情况　鸡住白细胞原虫病是由住白细胞原虫属的原虫寄生于鸡的红细胞和单核细胞而引起的一种以贫血为特征的寄生虫病，俗称白冠病。主要由卡氏和沙氏住白细胞原虫引起。其中，前者危害更严重。该病可引起雏鸡大批死亡，中鸡发育受阻，成鸡贫血。

该病的发生与蠓和蚋的活动密切相关。蠓和蚋分别是卡氏和沙氏住白细胞原虫的传播媒介，因而该病多发生于库蠓和蚋大量出现的温暖季节，有明显的季节性。一般气温在 20℃以上时，蠓和蚋繁殖快，活动强，该病流行严重。我国南方地区多发于 4—10 月，北方地区多发生于 7—9 月。

（2）临床症状

① 雏鸡感染多呈急性经过，病鸡体温升高，精神沉郁，乏力，昏睡；食欲不振，甚至废绝；两肢轻瘫，行步困难，运动失调；口流黏液，排白绿色稀便。

② 消瘦、贫血、鸡冠和肉髯苍白，有暗红色针尖大出血点。

③ 12~14 日龄的雏鸡因严重出血、咯血和呼吸困难而突然死亡，死亡率高。血液稀薄呈水样，不凝固。

（3）病理变化

① 皮下、肌肉，尤其胸肌和腿部肌肉有明显的点状或斑块状出血。

② 肠系膜、心肌、胸肌或肝、脾、胰等器官，有住白细胞原虫裂殖体增殖形成的针尖大或粟粒大，与周围组织有明显界限的灰白色或红色小结节。

（4）综合防控

① 预防。消灭昆虫媒介，控制蠓和蚋是最重要的一环。要抓好三点：一是要注意搞好鸡舍及周围环境卫生，清除鸡舍附近的杂草、水坑、畜禽粪便及污物，减少蠓、蚋滋生繁殖与藏匿；二是蠓和蚋繁殖季节，给鸡舍装配细眼纱窗，防止蠓、蚋进入；三是对鸡舍及周围环境，每隔 6~7 天，用 6%~7% 的马拉硫磷溶液或溴氰菊酯、戊酸氰醚酯等杀虫剂喷洒 1 次，以杀灭蠓、蚋等昆虫，切断传播途径。

② 治疗。最好选用发病鸡场未使用过的药物，或同时使用两种有效药物，以避免有耐药性而影响治疗效果。可用磺胺间甲氧嘧啶钠按 50~100 毫克 / 千克饲料，并按说明用量配合维生素 K_3 混合饮水，连用 3~5 天，间隔 3 天，药量减半后再用 5~10 天。

39. 如何防控鸡蠕虫病？

（1）发病情况　鸡蠕虫病是鸡的常见寄生虫病，主要有蛔虫病、异刺线虫病、绦虫病等。鸡感染蠕虫后常出现生长发育迟缓、生产性能下降、从而降低生产效益。

鸡感染蛔虫时，常不表现任何临床症状，严重者可在蛔虫感染后 3 周出现死亡，死亡的原因是小肠被幼虫破坏或小肠堵塞。异刺线虫没有或只有轻微的致病性，但是可通过鸡蛋传播黑头病（组织滴虫病）。绦虫有体节结构，容易识别。绦虫破坏肠道，当含有虫卵的绦虫片段通过粪便排到体外，虫卵被甲壳虫（包括垫料甲壳虫）和蚂蚁吃到，鸡通过吃这些绦虫的中间宿主而再次感染，感染后 2 周，更多含有虫卵的蠕虫片段排泄到体外，又会开始下一个循环。

（2）临床症状与虫卵检查　蠕虫病的主要临床症状有：病程较慢，即慢性感染；轻微的腹泻，体重减轻或生长迟缓；母鸡干瘪，鸡冠苍白萎缩，停止产蛋；持续严重的感染时，表现鸡冠、肉髯苍白，乏力；青年鸡感染的症状比老年鸡的症状严重。

为了更好地了解蠕虫在鸡群中的感染情况，可以每6周数一次蠕虫卵。取20堆小肠粪和20堆盲肠粪混合。盲肠粪有时与小肠粪混合在一起，但是如果想把蛔虫和异刺线虫区分开来，必须单独收集两类粪便。异刺线虫寄生在盲肠，蛔虫寄生在小肠。粪便要尽量新鲜，样品需要冷藏，并在1周之内检测。当每克粪便中蛔虫卵数量超过1 000个，线虫卵超过10个时，就有必要开始使用驱虫药进行驱虫了。

由于异刺线虫可通过鸡蛋传播黑头病（组织滴虫病），因此，如果鸡场附近有组织滴虫病，也应该检测异刺线虫。

（3）防控　蠕虫病有多种处理方法：每6周驱虫1次，避免严重感染，每3周检查1次异刺线虫和绦虫；每6周进行粪便分析，死后剖检以便准确判断，基于这些分析进行治疗。

高效、广谱、安全的驱虫药有：左旋咪唑，剂量25~40毫克/千克体重，该药对毛细线虫、鸡蛔虫等均有很好的驱虫效果。

丙硫苯咪唑，剂量0.15毫克/千克体重，对鸡绦虫等有特效。小群鸡驱虫时可制成丸状逐一投喂，如大群驱虫则可混料给药。

良好的卫生条件对防制蠕虫病相当重要。一般蠕虫的虫卵或幼虫都要在外界发育至一定阶段才具有感染力，因此，可以利用卫生措施，将存在于外界的病原体消除，以中断其生活史。另外，一些蠕虫的发育需要中间宿主参与，如果能使鸡不接触或减少与中间宿主接触，或者将中间宿主杀灭，对防制此类蠕虫病亦是行之有效的措施。

40. 怎样防控鸡痛风？

（1）发病情况　鸡痛风病是由于鸡机体内蛋白质代谢障碍，使大量的尿酸盐蓄积，沉积于内脏或关节而形成的高尿酸血症。当饲料中蛋白质含量过高，特别是动物内脏、肉屑、鱼粉、大豆和豌豆等富含核蛋白和嘌呤碱的原料过多时，可导致痛风。饲料中镁和钙过多或日粮中长期缺乏维生素A等，均可诱发本病。

（2）临床症状与病理变化

① 患病鸡开始无明显症状，逐渐表现为精神萎靡，食欲不振，

消瘦，贫血，鸡冠萎缩、苍白。

② 泄殖腔松弛，不自主地排白色稀便，污染泄殖腔下部羽毛。

③ 关节型痛风，可见关节肿胀，瘫痪。病鸡蹲坐或独肢站立，跛行。

④ 幼雏痛风，出壳数日到 10 日龄，排白色粪便。

⑤ 脚垫肿胀，有白色尿酸盐沉积；关节内充满白色黏稠液体，严重时关节组织发生溃疡、坏死。

⑥ 病死鸡肌肉、心脏、肝脏、腹膜、脾脏、肾脏及肠系膜、浆膜面等覆盖一层白色尿酸盐，似石灰样白膜。

（3）防控　加强饲养管理，保证饲料的质量和营养的全价，尤其不能缺乏维生素 A；做好诱发该病的疾病防治；不要长期使用或过量使用对肾脏有损害的药物及消毒剂，如磺胺类药物、庆大霉素、卡那霉素、链霉素等。

治疗过程中，降低饲料蛋白质水平，饮水中加入电解多维，给予充足的饮水。饲料和饮水中添加阿莫西林、人工补液盐等，连用 3~5 天，可缓解病情。使用清热解毒、通淋排石的中药方剂，也有较好疗效。

41. 怎样防控鸡痢菌净中毒?

（1）发病情况　痢菌净学名乙酰甲喹，为兽用广谱抗菌药物。因其价格低廉，且对大肠杆菌病、沙门氏菌病、巴氏杆菌病等都有较好的治疗作用，故在养鸡生产中被广泛应用。

常见中毒的原因，一是搅拌不匀导致中毒，特别是雏鸡更为明显；二是计算错误或称重不准确，使药物用量过大而导致中毒；三是连续多次重复或过量用药，由于痢菌净有蓄积中毒的危险，加上当前兽药品种繁多，很多品种未标明实有成分，致使两种药物合用加大了痢菌净的用量，造成中毒；四是个别养殖户滥用药，随意加大用药剂量导致中毒。

（2）临床症状与病理变化

① 痢菌净中毒造成的死亡率可达 20%~40%，有的甚至 90% 以上，且鸡日龄越小，对药物越敏感，给养鸡业造成的损失也就越大。

② 病鸡缩颈呆立，翅膀下垂，喙、爪发绀，不喜活动，常呆立，采食减少或废绝。个别雏鸡发出尖叫声，腿软无力，步态不稳，肌肉震颤，最后倒地，抽搐而死。

③ 刚中毒的鸡，腺胃和肌胃交界处有暗褐色坏死。中毒死亡的鸡，腺胃肿胀，乳头出血，肌胃皮质层脱落、出血、溃疡；腺胃、腺胃与肌胃交界处陈旧性出血、糜烂。

④ 小肠中断局灶性出血；盲肠、结肠内有血样内容物。

⑤ 肝脏肿大，呈暗红色，质脆易碎，胆囊肿大。

（3）防控　迅速停用痢菌净或含有痢菌净成分的药物。治疗原则是解毒、保肝、护肝、强心。首选药物为5%葡萄糖和0.1%维生素C，并且维生素C要在0.1%的基础上逐渐递减，同时要严禁用对肝和肾有副作用的药物以及干扰素类生物制品。

生产中应用含有痢菌净成分的药物防治细菌性疾病时应特别慎重。

42. 如何防控鸡磺胺类药物中毒?

（1）发病情况　磺胺类药物可分为三类：一类是易于肠道内吸收的，另一类是难以吸收的，第三类是局部外用的。其中以第一类中毒较易发生。

中毒原因有四：一是长时间、大剂量使用磺胺类药物防治鸡球虫病、禽霍乱、鸡白痢等疾病；二是在饲料中搅拌不匀；三是由于计算失误，用药量超过规定的剂量；四是用于幼龄或弱质肉鸡，或饲料中缺乏维生素K。

（2）临床症状与病理变化

① 病鸡表现委顿、采食量减少、体重减轻或增重减慢，常伴有下痢。由于中毒的程度不同，鸡冠和肉髯先是苍白，继而发生黄疸。

② 皮下胶冻样，出血，肌肉和内部器官出血，尤以胸肌、大腿肌明显，呈点状或斑状出血；肠道可见点状和斑块状出血，盲肠内含有血液。

③ 腺胃和肌胃角质层下可能出血；肝肿大、色黄，常有出血点和坏死灶。

④ 肾脏肿大，土黄色；输尿管增粗，充满尿酸盐，肾盂和肾小管可见磺胺结晶。

⑤ 雏鸡比成年鸡更易中毒，常发生于6周龄以下的蛋鸡群。可造成大量死亡。

（3）防控　使用磺胺类药物时用量要准确，搅拌要均匀；用药时间不应过长，一般连续用药不超过5天；雏鸡应用磺胺二甲嘧啶和磺胺喹噁啉时要特别注意；用药时应提高饲料中维生素K_3和B族维生素的含量；将2~3种磺胺类药物联合使用可提高防治效果，减慢细菌耐药性。

对发病的鸡立即停药，增加饮水量，在饮水中加入1%~2%的小苏打和5%葡萄糖，加大饲料中维生素K_3和B族维生素的含量；早期中毒可用甘草糖水进行一般性解毒，严重者可考虑通肾。

43. 如何防控鸡维生素E、硒缺乏症？

雏鸡硒与维生素E缺乏症是一种营养病，是由于雏鸡体内的微量元素硒和维生素E缺乏而致。雏鸡患此病后会脑软化，并出现渗出性素质，肌肉开始出现营养不良的状况，不利于雏鸡的健康生长。

（1）主要临床症状

① 脑软化症。主要是维生素E缺乏所致的以雏鸡小脑软化为主要病变、共济失调为主要症状的疾病，本病主要发生于2~7周龄的雏鸡。缺乏维生素E时，雏鸡发育不良、软弱、精神不振。特征性症状为运动障碍，头向下或向后弯曲挛缩，有时向一侧弯曲或向后仰，呈角弓反张状。两腿阵发性痉挛抽搐，不完全麻痹，行走不稳，最后瘫痪。由于采食困难，最后衰竭死亡。

② 渗出性素质。是由于维生素E和硒同时缺乏所致。一般3~6周龄和16~40周龄的鸡群最易发生。其特征是毛细血管通透性增加，造成血浆蛋白和崩解红细胞释放的血红蛋白进入皮下，使皮肤呈淡绿色至淡蓝色。

③ 白肌病（肌肉营养不良）。

（2）病理变化　两侧股内侧皮下有淡蓝色胶冻样渗出物，胸部和大腿肌肉有大小形状不等的斑块状出血或带状出血；心冠脂肪弥漫性出血，心肌表面有出血斑，心肌质地松软，心包积液；脑膜充血、水肿，小脑柔软，小脑表面充血、出血，脑回平展。

（3）防控　对病鸡用亚硒酸钠维生素 E 注射液（10 毫升内含亚硒酸钠 10 毫克，含维生素 E 500 国际单位），每只鸡注射 0.5~1.0 毫升。

对全群鸡在日粮中添加亚硒酸钠维生素 E 粉，按每千克饲料拌入 0.5 克。在饮水中添加亚硒酸钠维生素 E 注射液，按每毫升混于 100~200 毫升水中，供鸡自由饮用。

饲料贮存时间不可过长，以免受到无机盐和不饱和脂肪酸氧化，或拮抗物质（酵母曲、硫酸铵制剂）的破坏。日粮中要保证供给足量的含硒维生素 E 添加剂。

44. 如何防控鸡维生素 D 缺乏症?

（1）发病情况　鸡维生素 D 缺乏症是由维生素 D 供应不足等因素引起，以骨骼、喙发育异常为特征的一种营养代谢性疾病。

鸡长时间得不到阳光照晒，且日粮中维生素 D 的供给不足时，易发本病。鸡患胃肠疾病或肝、肾等疾病时，维生素 D 在体内的转化、吸收和利用受到阻碍，也可造成维生素 D 的缺乏。同时，饲料中无机锰的含量较多时，维生素 D 的作用也会受到一定的影响。

（2）临床症状与病理变化　雏鸡缺乏维生素 D 时，最早可在 10 日龄左右即出现临床症状，但大多在 3~4 周龄出现症状。表现为生长发育受阻，羽毛蓬乱无光，食欲尚好，但两腿无力，步态不稳，不爱走动或走路不稳，常以飞节着地行走，有时瘫痪；喙和脚爪变软，弯曲，变形，腿骨变脆，易发生骨折。

维生素 D 缺乏症的病理剖检变化主要表现在骨骼和甲状旁腺。甲状旁腺因为增生而体积变大。骨骼变软、变形，易于折断。胸骨呈 S 弯曲，与肋软骨连接处的肋骨内侧面明显肿大，形成数个圆形结节，似串珠状。椎骨和肋骨交接处也有类似情况。维生素 D 严重缺乏时，骨骼出现明显变形，胸骨在其中部急剧内陷，脊柱在荐骨与尾椎区向下弯曲，从而使胸腔体积变小。

（3）防控　鸡维生素 D 缺乏症的主要预防措施是在饲料中按鸡

不同发育阶段补给足量的维生素 D；鸡饲料不要存放时间过长，并且注意锰的用量不能过多；同时防治影响维生素 D 吸收、转化等的疾病；饲料中钙磷比例合适。

对病鸡治疗时，可在饲料中添加鱼肝油，浓度按 10~20 毫升 / 千克饲料，同时在饲料中适当多添加多种维生素，连用 10~20 天。也可用维生素 D_3 注射液，按 1 万国际单位 / 千克体重一次，肌内注射，也有良好的疗效。病重瘫痪鸡，可肌内注射维丁胶酸钙，每日 1 次，每只 1 毫升，连用 3 天。保证饲料中维生素 D_3 含量。雏鸡饲料中每千克应含维生素 D_3 220 国际单位，尽量让鸡多晒太阳。

45. 如何防控雏鸡锰缺乏症?

病雏鸡的特征症状是生长停滞，骨短粗症。胫 – 跗关节增大，胫骨下端和跖骨上端弯曲扭转，使腓肠肌腱从跗关节的骨槽中滑出而呈现脱腱症状。病鸡腿部变弯曲或扭曲，腿关节扁平而无法支持体重，将身体压在跗关节上。严重病例多因不能行动无法采食而饿死。

病死鸡骨骼短粗，管骨变形，骺肥厚，骨板变薄，剖面可见密质骨多孔，在骺端尤其明显。骨骼的硬度尚良好，相对重量未减少或有所增多。

为防治雏鸡骨短粗症，可于 100 千克饲料中添加 12~24 克硫酸锰，或用 1∶3 000 高锰酸钾溶液饮水，每日更换 2~3 次，连用 2 日，以后再用 2 日。糠麸为含锰丰富的饲料，每千克米糠中含锰量可达 300 毫克，用此调整日粮也有良好的预防作用。

注意补锰时防止中毒，高浓度的锰 (3×10^{-3}) 可降低血红蛋白和红细胞压积以及肝脏铁离子，导致贫血，影响雏鸡的生长发育。过量的锰对钙和磷的利用有不良影响。

46. 如何防控肉鸡肌腺胃炎?

（1）发病情况

① 腺胃炎可发生于不同品种、不同日龄的肉鸡。无季节性，一年四季均可发生，但以秋、冬季最为严重，多散发。流行广，传播

快。在 7~10 日龄各品种雏鸡易感中，育雏室温度较低的鸡群更易发病，死亡率低，发病后其继发大肠杆菌、支原体、新城疫、球虫、肠炎等疾病，而引起死亡率上升。

② 该病的发生可能有比较大的局限性（即发病多集中在一个地理区域）。

③ 该病是一种综合征。在良好饲养管理下（无发病诱因时）不表现临床症状或发病较轻。当有发病诱因时，鸡群则表现出腺胃炎的临床症状；诱因越重、越多，腺胃炎的临床症状表现越重，诱因起到了“开关”的作用。

（2）临床症状与病理变化

① 本病潜伏期内，鸡群精神和食欲没有明显变化，仅表现生长缓慢和打盹。

② 病鸡羽毛蓬乱，无精神，翅膀下垂，采食量和饮水量明显下降，粪便变细呈饲料颜色，采食量减半。

③ 饲料转化率降低，排出白色、白绿色、黄绿色稀粪，油性鱼肠子样或烂胡萝卜样，少数病鸡排出绿色粪便，粪便中有未消化的饲料和黏液。有时见到瘫鸡。

④ 腺胃肿大如球，呈乳白色。腺胃乳头呈不规则突出、变形、肿大、轻轻挤压可挤出乳状液体。腺胃、肌胃连接处呈不同程度的糜烂、溃疡，肌胃壁肿胀，角质层糜烂。

⑤ 胸腺、脾脏严重萎缩。

（3）防治

① 严格执行生物安全措施，加强饲养管理，尽可能减少鸡腺胃炎的诱因。

② 根据当地养鸡疫病流行特点，结合本场的实际，科学制定免疫程序，并按鸡群的生长阶段，严格免疫。着重做好鸡新城疫、禽流感、传染性支气管炎、传染性法氏囊病的免疫，是防治鸡腺胃炎发生的重要手段之一。

③ 药物防治。中药木香、苍术、厚朴、山楂、神曲、甘草等分别粉碎过筛后，与庆大霉素、雷尼替丁同时使用，有较好效果。

在饮水中添加复合维生素 B+ 青霉素（或头孢类）+ 中药开胃健

胃口服液（个别严重鸡投西咪替丁）+ 干扰素。

47. 如何防控肉鸡肠毒综合征？

（1）发病情况　肉鸡肠毒综合征又叫过料症，是商品肉鸡群普遍存在的一种以腹泻、粪便中含有未被消化的饲料、采食量明显下降、生长缓慢或体重减轻、脱水和饲料报酬下降为特征的疾病。地面平养肉鸡发病率高于网上平养和笼养。各年龄段，早至 7~10 天，晚至 40 多天均有发病。投服常规肠道药不能收到理想的效果，最后导致鸡群体弱多病，料肉比增高，后期伤亡率较大，大大提高了饲养成本。

（2）临床症状与病理变化

① 最急性病例死亡很快，死前不表现任何临床症状，死后两脚直伸，腹部朝天，多为鸡群中体质较好者。

② 急性病鸡尖叫、奔跑，瘫痪或共济失调，常见到一只脚伸直的病鸡，采食量迅速下降，接着腾空跳跃几下便仰面朝天而死。

③ 慢性病例最多见，初期无明显症状，消化不良，粪便颜色也接近料色，内含未消化完全的饲料，时间稍长会发现鸡群长势不佳、减料、料肉比偏高。随着时间的延长，鸡的粪便中出现肉样或烂西红柿样、鱼肠子样夹带白色石灰样稀便或灰黄色（接近饲料颜色）的水样稀便。

④ 肠管增粗，肠壁菲薄、出血，肠道内有未被消化的饲料或脓性分泌物。

（3）防治　防治本病，避免出现以下 3 个误区。

① 强制止泻。肠毒综合征死亡率高的原因不在于腹泻，而是自体中毒。发生肠毒综合征时要注意引导排毒，而非一味止泻。

② 用多种维生素。多种维生素可以补充营养、增强机体抵抗力，但是鸡患肠毒综合征时应禁用。

③ 拌料给药。肠毒综合征会导致肉鸡不断勾料（把料筒的料勾到地上），再加上鸡只发病后采食量会出现不同程度的下降，如果此时拌料给药，就会导致饲料被大多数健康鸡和症状轻微的鸡吃了，病鸡没食欲，或者吃得很少，达不到治疗效果，不能产生应有的疗效。

因此，适时合理地进行药物防治，尤其注意预防球虫病的发生，是治疗肠毒综合征的第一要务，而且使用磺胺药才是正确的选择。可首先在饮水、饲料中使用磺胺类药物，球虫药用到第3天时使用抗生素，氨基糖苷类和喹诺酮类联合使用效果不错；对细菌、病毒混合感染的情况，在使用大环内酯类药物的同时，添加黄芪多糖粉。

平时要加强饲养管理，中后期尽可能保持鸡舍内环境清洁干燥，加强通风换气，减少球虫、呼吸道病和大肠杆菌病等的感染机会。

参考文献

[1] 丁馥香 . 图说肉鸡养殖新技术 [M]. 北京：中国农业科学技术出版社，2012.

[2] 曹顶国 . 轻轻松松学养肉鸡 [M]. 北京：中国农业出版社，2010.

[3] 夏新义 . 规模化肉鸡场饲养管理 [M]. 郑州：河南科学技术出版社，2011.

[4] 赵德峰 . 规模化肉鸡场经营管理 [J]. 中国禽业导刊，2011，(18).

[5] 李连任，等 . 肉鸡标准化规模养殖技术 [M]. 北京：中国农业科学技术出版社，2013.